警察予備隊と再軍備への道

第一期生が見た組織の実像

佐藤守男 著

芙蓉書房出版

はじめに

私は今から約六五年前、昭和二五年（一九五〇年）九月二日、突如として新設された警察予備隊へ応募・採用された草分けの一人である。その新しい治安組織が一体、どのような性格のものか、どのような経緯で急設されたのかも分からぬまま、それでも隣国・朝鮮半島で勃発した戦火によるものであることをぼんやりと感じながら、出頭を指示された大阪管区警察学校の門をくぐった。一八歳の時であった。

わが国が無条件降伏文書に調印し、第二次世界大戦が終結してから丁度五年が経過していた。しかし、かっての近代国家日本の面影は見るも無残に消え失せ、荒廃状態が打ち続いていた。領土は切り取られ、世界に君臨していた海運力もなく、原料・食料の供給源から遮断され、日本の島国経済はまさに断末魔の様相を呈していた。

わが国の無条件降伏後、十字軍気取りのアメリカが占領軍として進駐し、日本の国家構造を根底から引き裂き、政治・経済・社会・宗教などの機構を再組織した。日本民族は、これらの改革およびその結果から生じた様々な影響下にただ地に平伏するばかりであった。そこには日本民族の奥床しい道徳も、きめ細かい文化も、誇り高い伝統も影をひそめた。

近代日本に史上未曾有の大改革を断行したのは、征服者の頂点に立つ連合軍最高司令官マッカーサー元帥であった。マッカーサーは日本を完全に武装解除し、政財界、実業界の一新を図った。そして、彼は軍隊および戦力保持を永久に禁ずる超民主的な憲法を、敗戦国日本に無理やり制定・発足させた。

そのような状況下の昭和二五年（一九五〇年）六月、朝鮮戦争が勃発したのである。わが国はその戦争以後、皮肉にも再びアジアの大国としての役割を演ずべき運命の道を歩みだすことになった。マッカーサーは、朝鮮戦争を機に自ら制定した日本国憲法を、自ら踏みにじって日本に再軍備を命じたのである。マッカーサーの鶴の一声による警察予備隊の誕生であった。私は、その警察予備隊に何のためらいもなく身を投じた。

その時から四二年間、保安隊〜自衛隊へと名前をかえて成長を続けた、その治安組織の中で私は年齢を数えた。私はその間、次のような部署において情報勤務に従事することができた。

＊善通寺・仮第一大隊本部（大隊渉外業務）
＊姫路・第六三特科連隊本部（連隊渉外業務）
＊東京越中島・総隊総監部訓練部（米軍教範の翻訳）
＊伊丹・第三管区総監部第二部（米軍教範の翻訳）
＊札幌・北部方面総監部第二部（極東ソ連ラジオ放送の受信・翻訳）
＊東京檜町・中央資料隊第一科（ソ連軍文書情報の翻訳）
＊陸上幕僚監部調査部調査別室東千歳通信所（通信情報の調査・分析）

私は平成四年（一九九二年）三月、六〇歳を迎えて防衛庁を定年退官した。自衛官としての私の四二年間は、前述のように自ら求め続けた補職とはいえ、情報分野一筋の勤務であった。地味で根気を必要とする業務ではあったが、私にとっては誇り高い仕事であった。もし、警察予備隊第一期生の一人の生き様が、後続の若き自衛官諸賢の勤務上の一助になれば望外の喜びである。

私は防衛庁を退職後、北海道大学大学院法学研究科に晩学の途を求めた。北海道大学は浅学菲才の老生を北の大地のような包容力で受け入れて、夢にも見た勉学の場を与えてくれた。わが師中村研一先生の学恩に対する感謝しきれない万感の思いを、小著『情報戦争と参謀本部―日露戦争と辛亥革命―』（芙蓉書房出版、二〇一一年）および『情報戦争の教訓』（芙蓉書房出版、二〇一二年）の中にささやかに認めた。

そこで、今回は警察予備隊創設六五周年に際し、その創設経緯、成長過程に私の実体験を重ね合わせて整理しておきたい。残り少なくなったと思われる警察予備隊第一期生の語り草になれば幸いである。

なお、本書の対象とする時期は、主として昭和二五年（一九五〇年）の警察予備隊創設から昭和二七年（一九五二年）の保安隊への移行期前後までとする。

警察予備隊と再軍備への道●目次

序章

❖再軍備への坂道

アメリカは昭和二〇年（一九四五年）八月六日、人道上、禁じ手というべき原子爆弾を広島に使用した。この日、マリアナ諸島テニアン島を午前一時四五分（日本時間）に飛び立った米戦略空軍第509混成爆撃連隊所属「B-29」爆撃機「エノラ・ゲイ」は午前八時一五分、高度九六〇〇メートルから原爆を投下した。原爆は広島市大手町一丁目、島病院の上空約六〇〇メートルで爆発した。爆心地の地表面温度は三〇〇〇～四〇〇〇度に達し、被爆死亡者数は約一四万人と推定されている。

アメリカは、その三日後の八月九日午前一一時過ぎ、広島原爆の威力を凌駕する第二の原子爆弾を事もなげに長崎へ投下した。推定死者は七万人を優に超える。この結果、広島・長崎両市の原爆犠牲者は韓国、オランダ人なども含む二〇万人をはるかに超えたのである。

たとえ交戦中とはいえ、多数の婦女子を含む非戦闘員二〇万余人を一瞬に虐殺したアングロアメリカの非人道的行為は、未来永劫に断罪され続けなければならない。とりわけ、米陸海軍高官たちの原爆使用反対意見を無視して、原子爆弾の投下命令を最終決定した第三三代アメリカ大統領トルーマン（任期：一九四五年四月一二日〜一九五三年一月二〇日）の残忍非道な選択を、日本民族は決して忘却してはならない。トルーマンは「戦争の早期終結」を、原爆使用の合法化理由の一つにあげているが詭弁のきらいは免れない。なぜなら、アメリカの対日勝利は、もはや決定的であり、すでに廃墟と化した日本本土において非戦闘員たる女性、子供たちを抹殺する必要性がなかったからである。

このようにして、完膚なきまでに破壊された日本は、原爆投下とソ連の対日参戦という衝撃の下、漸く八月一〇日、スイス、スウェーデン両政府を通じ、ポツダム宣言（米、英、中、ソ四か国の対日基本方針、一九四五年七月）の受諾を連合国側に打電した。その結果、日米両国政府は昭和二〇年（一九四五年）八月一五日、太平洋戦争の終結を宣言した。それは、同胞三〇〇万人余の犠牲者を代償とする、約三年八か月間も続いた無意味な、無駄な戦いの、余りにも悲劇的な終着点であった。

同年九月二日、東京湾上の戦艦「ミズリー」号（四万五〇〇〇トン）上において「降伏文書」の調印式が挙行された。「降伏文書」には日本側代表の署名に続いてマッカーサー連合軍総司令官が各国を代表して署名、その後、米、英、中、ソ、オーストラリア、カナダ、フランス、オランダ、ニュージーランドの順で署名が行われた。「B - 29」爆撃機四〇〇機、艦載機一五〇〇機が「ミズリー」号上空に飛来し、降伏式の掉尾を圧倒的な軍事力で誇示した。ここに第二次世界大戦が幕を下ろした。

マッカーサー元帥は同年八月三〇日、神奈川県厚木飛行場に到着してから離日（解任）までの約五年八か月間、絶対権力者として敗戦国日本の復興・再生に辣腕を振るった。新憲法の制定、軍・財閥の解体、農地改革、教育改革などの大事業が推進され、新生日本の礎が固められた。

マッカーサーは昭和二〇年（一九四五年）一〇月、日本政府に対し、明治憲法の改正に着手するよう指令した。しかし、日本政府の緩慢な対応と提出された改正案が、ポツダム宣言の求める諸条件を満足させるものではなかった。マッカーサーは翌年二月、日本側（幣原内閣）の指標とするため、民生課長ホイットニー准将（図1参照）に新憲法草案の作成を命じた。

連合軍総司令部（GHQ：General Headquarters of the Allied Forces, 以下、ＧＨＱと略す）起草の新憲法原案が日本政府に示され、幣原内閣は同年三月、若干の改正を加えて同案を採択した。

新憲法案は同年一〇月七日に衆議院を、同月二九日に参議院を通過し同年一一月三日、明治天皇の誕生日に発布され、六か月後から発効するに至った。そして、新憲法は、「第二章　戦争放棄」に第九条を、次のようにおいた。

「日本国民は正義と秩序を基調とする国際平和を誠実に希求し、国権の発動たる戦争と、武力による威嚇又は武力の行使は、国際紛争を解決する手段としては、永久に放棄する。

②　前項の目的を達するため、陸海空軍その他の戦力は、これを保持しない。国の交戦権は、これを認めない」

図1　連合軍総司令部（GHQ）の機構

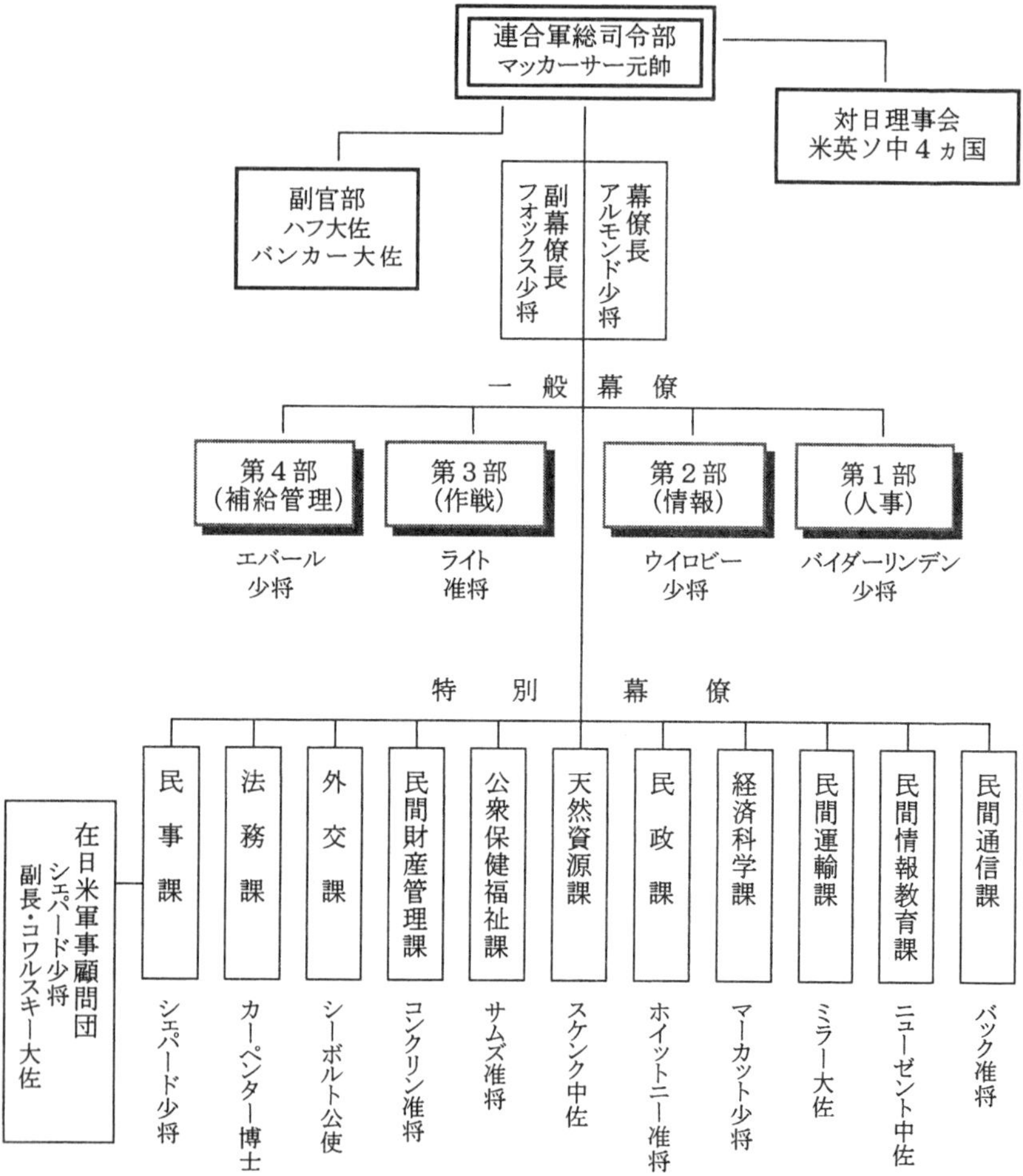

出典：F・コワルスキー『日本再軍備』（サイマル出版会、1984年）

マッカーサーの理想主義的意向がそれに強く反映され、「マッカーサー憲法」と言っても決して過言ではない。第九条は日米両国に「日本の再軍備を禁ずる」ものとして受け入れられたのである。

戦争を放棄し、戦力を禁じ、陸海空軍の保持を認めない幻想憲法に対する批判が日米両国においてないわけではなかったが、マッカーサーの威厳に屈服せざるを得なかった。アメリカが北東アジアにおける共産ソ連および中国の威嚇・挑発的な不穏な動向に無関心、無警戒であったはずがない。また、アメリカの各情報機関は、総力をあげて対ソ、対中の情報収集に努力を傾注していたに違いない。従って、日本が永久に無防備であるべきと考えていた者は、日米両国政府内にも存在しなかったものと考えられる。

マッカーサーは日本の平和憲法制定後、彷彿として蠢動しはじめた米国政府・軍部による日本の再軍備計画に反対の立場を崩さなかった。アメリカ政府は昭和二〇年（一九四五年）八月二九日、要旨、次のような最初の対日政策を発表した。

「日本を完全に武装解除する。軍国主義者の権限および軍国主義の影響を、日本の政治、経済、社会生活から全面的に払拭する。軍国主義や侵略精神を標榜する制度、機関等はこれを強力に弾圧する。日本は陸軍、海軍、空軍、秘密警察組織、あるいは民間航空をもつべきではない」

マッカーサーは、この本国の基本方針に基づいて占領行政を推進したのであろう。それにマッカーサー自身の描く理想の民主主義・平和国家日本の将来像が重なったものと考えられる。その辺の事情に関する先行論文として、増田弘「朝鮮戦争以前におけるアメリカの日本再軍備構想（一）（二）」（慶應義塾大学法学研究会編『法学研究』第七二巻第四・五号、一九九九年）が詳細かつきわめて優れた業績を残している。他方、日本側でも、旧日本軍将校らによる再軍備への画策が蠢いていた。

昭和二五年（一九五〇年）六月二六日（日）午前四時、北朝鮮軍が突如として、三八度線を越えて韓国に武力侵攻した。朝鮮戦争の勃発である。マッカーサーが四年前から手がけてきた日本の中立化、非武装化への崇高な試みは、朝鮮半島における一発の砲煙と共に吹き飛んでしまったのである。

駐日米軍は当時、横浜に司令部をおく第八軍司令官ウォーカー中将麾下の兵力不足の四個師団が日本の各地に配置され、次のように日本防衛のために展開していた。

＊第七歩兵師団　東北および北海道地方（札幌）
＊第一騎兵師団　関東地方（東京）
＊第二五歩兵師団　関西地方（大阪）
＊第二四歩兵師団　九州地方（福岡）

朝鮮半島における急迫な危機に即応して、第七歩兵師団のみを日本国内に残し、他の三個師団が朝鮮へ出兵した。その第七歩兵師団にも出動待機命令が出されていた。

第七師団が朝鮮に出動すれば、仮借なき武装解除をうけた日本は完全な無防備状態に陥る。在日米軍にかわる地上部隊の必要性は、重大な危機に直面して一刻を争う喫緊の問題として浮上した。マッカーサーはポツダム国際協定に反し、日本国憲法に高々と謳わせた崇高な精神を反古にして日本の再軍備に踏み切ったのである。

マッカーサーは昭和二五年（一九五〇年）七月八日、吉田首相に対し、次のような書簡を送り、警察予備隊七万五〇〇〇名の創設を日本政府に命じた。この修辞に凝り、もって回った表現に満ちた書簡こそ「日本の再軍備」のきっかけとなった、まさに歴史的文書である。


「事情の許す限り、速やかに日本政府に自治の権限を返すという既定方針に従い、私は日本国内の安全と秩序を維持し、かつ不法入国と密輸入を阻止するため、日本沿岸を守るに適切な取締機関を徐々に拡張することを考えてきた。

私は一九四七年九月一六日付書簡で、日本の総警察力を一二万五〇〇〇名に増加し、うち三万名をもって国家地方警察を新設するという日本政府の勧告を承認した。私が当時、全幅の同意を与えた政府の見解は、将来の必要警察力を独断的に決めたものではなく、地方自治という憲法上の原則にのっとり、警察責任の効果的分散を主軸とする、近代的かつ民主的警察機構を確立する際に中心となりうる適切な警察力を備えることを目的とするものであった。

許可された警察力の募集、装備・訓練など、その後の措置はきわめて能率的に進められた。

自治の責任は忠実に守られ、必要な調整も慎重に進められ、さらに警察と市民の関係もきわめて順調に進展した。日本国民は今日、その警察機関を当然、誇りとしてよい。

日本の警察力は、他の民主国家に比し、人口の割に低く、また戦後の全国的貧困と逆境は、無法状態を招きやすい性格のものであったにもかかわらず、日本がその近隣諸国にある暴力、混乱、無秩序とはまったくかけ離れて平穏であることは、組織された警察の能率と法を守る日本人の性格によるものである。

日本のみならず、いたるところで法の正当な手続きをくつがえし、平和と公共の福祉の破壊を狙う不法な少数分子が存在するが、彼等の脅威にさらされることなく、前述のような好ましい状態を安全に維持するためには、いまや警察制度は、その組織・訓練の面において相当能率的になっており、従って、民主社会の公共の福祉を守るに絶対必要であると、経験に基づいて判断された範囲まで警察力を増強すべき段階に達していると信ずる。

日本の各港および沿岸水域の安全に関する限り、海上保安庁は、現在まで非常に満足すべき成果をあげてきた。しかし、事態は変わりつつあり、不法な密航や密貿易を日本の長い沿岸線すべてにわたって防止するためには、法律で現在、定められている海上保安庁の定員よりさらに多くの人員が必要であることは明らかである。

従って、私は日本政府に対し、人員七万五〇〇〇名からなる国家警察予備隊を創設し、現在の海上保安庁の定員をさらに八〇〇〇名増加するため、必要な措置を講ずる権限を与える。

これら増加人員に関する今年度分の経費は、さきに一般会計予算中、公債の償還に使用すべく計上した基金から流用することができる。これらの措置に関する技術的な面では、従来通り総司令部の各関係局が勧告と援助を与えるであろう」

日本軍を完全に武装解除し、日本の軍国主義を一掃し、日本が再び軍事力を持つことを永久に禁止する理想憲法を制定した張本人のマッカーサーが朝鮮戦争を奇貨として、日本の再軍備を命令したことは、誠に歴史の皮肉としか言いようがない。

仮に朝鮮戦争が勃発していなくとも早晩、日本の再軍備は避けられなかったものと考えるのが妥当であろう。北東アジアにおけるソ連を筆頭に中共、北朝鮮の不穏な動向もさることながら、戦勝国アメリカにとって対日占領政策予算の膨張、それにもまして米軍の軍事的プレゼンス（影響力）にとってかわる日本の人的資源（潜在的兵力）の活用が必然的に求められたからである。換言すれば、アメリカにとって日本防衛から自国兵力を削減し、その損耗をできる限り防ぐためであったし、極東における防共戦線に日本の再軍備は不可避な状況でもあった。

日本の再軍備はその憲法を改正することなく、憲法を真っ向から犯して行われた。そのため、法的にも国民感情にも扱いにくい、根本的な多くの疑義を積み残した。そして、日本の再軍備は終戦から約五年、新憲法制定から僅か約四年後、まるで坂道を転がるかのように膨らみ続けるのである。

第1章

❖ 警察予備隊の創設

警察予備隊は、マッカーサーの絶対命令によるものとは言え、朝鮮戦争の硝煙の中から生まれた落し子であった。警察予備隊の創設は、アメリカ本国政府（とくに軍部）の思惑、ＧＨＱ内部の力関係、日本政府の牽制、旧日本軍人の策動など、様々な要素が複雑に絡み合う中で進められた経緯がある。そこで、本章では、警察予備隊の創設に当たり、できる限り、当時の実相を再現して紹介したい。なお、本章において利用した文献は、以下のとおりである。

＊陸上幕僚監部総務課文書班隊史編纂係『警察予備隊総隊史』（陸上幕僚監部、一九五八年）。
＊「自衛隊十年史」編集委員会編『自衛隊十年史』（大蔵省印刷局、一九六一年）。
＊防衛庁人事局人事第二課『募集十年史』上、中、下（統計印刷、一九六一年）。
＊加藤陽三『私録・自衛隊』（政治月報社、一九七九年）。
＊読売新聞戦後史班編『「再軍備」の軌跡：昭和戦後史』（読売新聞社、一九八一年）。

＊フランク・コワルスキー著、勝山金次郎訳『日本再軍備』（サイマル出版会、一九八四年）。
＊大嶽秀夫・解説『戦後日本防衛問題資料集』第一巻（三一書房、一九九一年）。
＊防衛庁編『防衛庁五十年史』（藤庄印刷、二〇〇五年）。
＊防衛研究所戦史部編『内海倫オーラル・ヒストリー』（防衛研究所、二〇〇八年）。
＊柴山太『日本再軍備への道』（ミネルヴァ書房、二〇一〇年）。
＊『朝日新聞』、『毎日新聞』昭和二五年（一九五〇年）八月一〇日付朝刊。

1．創設準備とＧＨＱ

警察予備隊は創設準備の段階から曖昧な性格だった

昭和二五年（一九五〇年）七月八日の日本再軍備に関する「マッカーサー書簡」は、日本政府のみならず、ＧＨＱ内においても唐突な衝撃を与えたようである。ＧＨＱは、マッカーサーの指令に基づいて警察予備隊の急設を民政担当に委ねることが望ましいと判断し、民政課および民事課（図1参照）などに日本政府との交渉権限を、次のように付与した。その理由は、軍事要素を表面に出せなかったからであろう。

＊民事課（特別幕僚）　編成、装備、訓練、統制（軍事顧問団の設置を含む）
＊第二部（情報担当）　隊員の募集、高級幹部の選考

＊第三部（作戦担当）　配置、部隊運用

その後、数次の日米検討会が行われている。しかし、協議・検討会と言っても、それは、GHQ関係当局からの指示受け、あるいは指導受けであった。なぜなら、日本はまだ連合軍の占領下におかれ、主権はマッカーサーが握っており、日本が講和条約をとりつけるまでは、マッカーサーの命令は絶対的な超法規的重みをもっていたからである。日本国憲法を無視して行われた再軍備構想は、最初から多くの疑義を生むことになった。

対岸の朝鮮半島に轟く砲声の中、発令された「マッカーサー書簡」が日米両当事者を混乱させたことは間違いないところである。結局、警察予備隊の創設に必要な措置は、国会の審議を経ることなく「ポツダム政令」によって推進されることになった。この「ポツダム政令」というのは、昭和二〇年（一九四五年）九月二〇日に定められたポツダム宣言受諾に伴う緊急勅令に基づいて発せられた政令の総称である。占領軍の要求にかかわる事項に限定されたが、この政令は立法手続なしに法令の改廃、制定をなし得る、超法規的な性質のものとされた。言い換えれば、「マッカーサー命令」であった。この制度は講和条約発効後に廃止された。

GHQは同年七月一七日、警察予備隊創設に関する大綱案を示した。その要旨は、次の通りであった。

＊警察予備隊の性格は事変、暴動等に備える治安警察部隊である。

＊中央に本部をおき、全国を四管区程度に分け、各管区に部隊をおく。
＊内閣総理大臣の直轄とし、その下に警察予備隊専任の国務大臣をおく。
＊内閣総理大臣は警察予備隊の本部長官を任命し、長官が警察予備隊を統率する。
＊治安警察隊に相応しいものとし、機動力、装備、即ちピストル、小銃等の武器をもつ。

日本政府は同大綱に準拠して警察予備隊の編成、配置、宿舎、募集、訓練および給与等細部計画立案を進めることになった。

同大綱によれば、部隊中央本部×1、中間本部×2、管理部隊×1および管区×4をもち、各管区は米軍師団と同じく編成装備されることになった。しかし、七万五〇〇〇名の定員のうちから、出来るだけ多くの師団を編成しようとしたため、米軍師団の定員を三〇〇〇名も下回る一万一二〇〇人をもって管区の兵力とし、師団部隊の一部を弱体化した。警察予備隊は当初、カービン銃（自動装填式、口径七・六二ミリ、全長九〇四ミリ、重量二四九〇グラム、警察予備隊初の制式小銃）で武装し、日本国民および連合国の反応を見ながら、できるだけ速やかに漸次、火器および装備を供与していこうと計画された。

さらに、警察予備隊は内閣総理大臣の直轄下におかれ、国家地方警察（国警：三万人）にも自治体警察（自治警：九万五〇〇〇人）にも所属せず、別個の独立組織とされた。

日本政府は昭和二五年（一九五〇年）八月一〇日、ＧＨＱにせかされ、ようやく政令第二六〇号「警察予備隊令」（本書末尾の関連資料２参照）を公布した。第一条には「この政令はわが国の平和と秩序を維持し、公共の福祉を保障するのに必要な限度内で国家地方警察および自治体警察の警察力を補うため警察予備隊を設け、その組織等に関し規定することを目的とする」と規定している。「マッカーサー書簡」に次ぐ日本側の、日本の再軍備を決定づける歴史的法令である。しかし、この第一条（目的）を読んで、わが国の再軍備の端緒であることに気付く国民は一人もいなかったであろう。

このように、警察予備隊は、創設準備の段階からその内容、さらには法律的にもきわめて疑わしく、曖昧模糊として靄の中にかすんだような立場におかれた。そのような状況の中で、日本政府は、警察予備隊の創設準備を国家地方警察に担当させることにした。国警は、もてる全機能をあげて、GHQの至上命令を遂行することになったのである。

GHQの軍事顧問団が指導

マッカーサーは昭和二五年（一九五〇年）七月一四日、すでに触れたが、GHQ特別幕僚部の民事課（CAS：Civil Affairs Section）に対し、警察予備隊の創設推進のため、その育成指導にあたる機関の設置を命じた。この機関こそ、警察予備隊を育て上げることになる母体、民事課別室（CASA：Civil Affairs Section Annex，以下、CASAと略す）であり、実態は軍事顧問団そのものであった。

GHQ第一部は東京都内の数か所を物色した結果、都内江東区越中島の元高等商船学校の校舎をCASAに提供した。CASAは七月二一日、米陸軍第一騎兵師団第七騎兵連隊が朝鮮半島に出動した後の兵舎に開設された。

ＣＡＳＡはＧ１（人事）、Ｇ２（情報）、Ｇ３（作戦）、Ｇ４（補給）の一般幕僚部のほか、特別幕僚部（総務課、監察課、警務課、武器課、通信課など一二課）を持ち、配属将校数は当初、三四名であったが、年末には将校約六〇名の陣容を整えた。なお、七月一四日～八月五日の間に任命されたＣＡＳＡの幹部構成員数は、表１に示す。

ＣＡＳＡの初代団長に任命されたのは、ＧＨＱ民事課長シェパード陸軍少将で、副長にはコワルスキー大佐が就任した。その任務は言うまでもなく、警察予備隊創設ならびに育成、指導という重大な使命であった。両者の略歴を、以下に記しておく。

＊ホイットフィールド・Ｐ・シェパード（Whitfield P・Shepard）陸軍少将（五六歳）
一八九四年、ニューヨーク州シラキュース生まれ。第一次世界大戦（一九一四～一八年）に二等兵として従軍。一九二〇年任官。第二次世界大戦中、北アフリカ、イタリア、南フランスを転戦。一九四五年、第六軍団参謀副長として欧州で終戦、帰国後、歩兵学校教頭。一九四八年、第八軍司令部（横浜）幕僚。一九五〇年、ＧＨＱ民事課長（一九五〇・七・一四・～一九五一・六・二六）。一九五一年秋、帰国。

＊フランク・コワルスキー（Frank kowalski Jr.）大佐（四七歳）
一九〇三年、コネチカット州生まれ、ポーランド人移民の子。一九三〇年、ウェストポイント陸軍士官学校卒。一九三七年、マサチューセッツ工科大学機械工学研究科修了。

第二次世界大戦中、アイゼンハワー司令部幕僚。歩兵学校でシェパード少将の教え子。一九五八年、退役後、下院議員二回当選。一九七五年、七二歳で死去。

この二人がマッカーサーの意図を体し、民政課をはじめＧＨＱ各部課の協力を得ながら、また日本側の窓口である国家地方警察本部と密接に連携して、警察予備隊の隊員七万五〇〇〇名の募集およびこれに伴う物品調達、輸送など隊員の入隊に至るまでの煩雑多岐にわたる創設初期の仕事を牽引した。シェパード少将と、それを支えたコワルスキー大佐の両名こそ、警察予備隊の真の「生みの親」であった。

特に、シェパード団長は、警察予備隊がＣＡＳＡの指揮監督からできる限り速やかに自立し、ＣＡＳＡの助言者的立場への移行に努めた。同少将の日本側関係高官に対する態度は、常に軍の最高幹部に対する礼をもって接遇し、米軍顧問団の将校たちにも礼を失することのないように厳に

表１　CASA幹部構成員数（1950. 8. 5現在）

		階級				
		大尉	少佐	中佐	大佐	少将
職務	団　長					1
	副　長				1	
	Ｇ　１	1			1	
	Ｇ　３	3	6	9		
	Ｇ　４	3	4	3		
	主任経理官		1	1		

出典：『警察予備隊総隊史』

戒めた。

シェパード少将は昭和二六年（一九五一年）六月、初代顧問団長の職務をワトソン（LeRoy H.Watson）陸軍少将に譲り、同年秋に帰国している。その際、吉田首相は送別会を催し席上、「あなたたちの協力のお蔭で立派な警察予備隊ができた。これこそ、まさに私が望んでいたものだ」と述べて、同将軍に労いの言葉をかけた。一国の首相がアメリカの一陸軍少将のために送別の宴を設けることなど、きわめて稀であろう。吉田は同少将のもつ古武士のような日本人に対する礼節に、礼をもってこたえたのである。

昭和二七年（一九五二年）四月二八日、対日講和条約の発効に伴い、GHQ・連合軍最高司令部は閉鎖された。その結果、CASAの業務は、米極東軍在日保安顧問部（Security Advisory Section-Japan：SAS-J）に引継がれた。その本部は同年一一月、越中島から港区麻布竜土町のハーデー・バラックス（旧麻布第三連隊）に移転した。翌年一月、さらにその名称は、在日保安顧問団（Security Advisory Group-J：SAG-J）と改められた。

昭和二九年（一九五四年）三月、日米相互防衛援助協定の締結とともに、軍事援助顧問団の設置、任務、待遇、特権等が正式に定められた。その名称も在日軍事援助顧問団（Military Assistance Advisory Group-Japan：MAAG-J）として、その業務は同年六月に開始されている。

CASAはシェパード団長以下、警察予備隊員の募集、入隊準備、教育訓練、装備の充実など複雑多岐な業務を積極的、効率的に推進した。警察予備隊の育成に精魂を込めたといえよう。

創設当初、米軍顧問が各駐屯部隊の指揮官（Commander）として部隊の編成、管理、訓練の実施にあたったが逐次、その任務は軍事顧問本来のアドバイザー（Advisor）としての助言的指導、援助に移行した。

　このように、アメリカの軍事顧問団はＣＡＳＡ（昭二五・七・一四～二七・四・二七）、ＳＡＳ‐Ｊ（昭二七・四・二八～二七・一二・三一）、ＳＡＧ‐Ｊ（昭二八・一・一～二九・六・六）、さらにＭＡＡＧ‐Ｊと名前を変えながら、警察予備隊～保安隊を通じ、日本の再軍備に大きく貢献した。なお、昭和二八年（一九五三年）九月現在の米軍事顧問団本部要員の概数は、表２のとおりである。

表２　米軍事顧問団本部要員概数（1953.9現在）

		階級					
		中尉	大尉	少佐	中佐	大佐	少将
職務	団長						1
	副長					1	
	監理部			5	4		
	G1（人事）				2		
	G2（情報）			1	1	1	
	G3（作戦）	1	3	4	7	2	
	G4（補給）			6	6	3	
	施設課	1	1	2	1		
	輸送課		1	1	1		
	化学課					1	
	通信課		1	3	1		
	武器課		2	2	3	2	
	衛生課			2	1		

出典：『警察予備隊総隊史』、『自衛隊十年史』

2．緊急体制下での隊員募集

国家地方警察により隊員募集を開始

ＧＨＱ民事課は昭和二五年（一九五〇年）八月四日、日本政府に対し、警察予備隊隊員の募集を速やかに実施するように指示した。隊員の募集を担当する国家地方警察本部は、警察官の募集業務に優先して警察予備隊隊員の緊急募集を実施する方針を定め、直ちに、次のような募集担当区分を決定し、募集計画を立案した。

＊教養課：募集計画の作成および計画の実施
＊警備課：身元調査
＊鑑識課：指紋の採取
＊会計課：募集予算

日本政府は同月一〇日、「警察予備隊令」（政令第二六〇号）を公布し、次のような「警察予備隊創設後における国警の事務範囲に関する内閣総理大臣通達」を同時に下達した。

「警察予備隊令附則第四項（内閣総理大臣は当分の間、国家地方警察の機関をして、警察予備隊の事務の一部を取り扱わせることができる）の規定に基き当分の間、国家地方警察の機関に行わせる警察予備隊の事務の範囲を、次のように定める。
一、警察予備隊の警察官の募集
二、警察管区学校における警察予備隊の警察官の管理
三、警察予備隊の警察官の警察管区学校より警察予備隊の施設への輸送
四、警察予備隊の施設における宿営及び給食についての契約並びに警察予備隊の予算の支出
五、当初における警察予備隊の警察官に対する制服及び装備品の調達及び配分
六、その他国家地方警察本部長官と警察予備隊本部長官との協議による事項
七、前各号の事務に要する予算の令達及び経費の支出
前各号の事務の細目及びその事務を警察予備隊に引継ぐ期日については、国家地方警察本部長官と警察予備隊本部長官が協議して定めるものとする。」

この通達により、全国家地方警察は非常勤務体制を敷き、実施の万全を期すと共に、各管区警察学校では本来の教育を一時中止し、警察予備隊の入隊者を受入れる必要措置を講じた。この緊急募集は短期間に、かつ多数の人員を迎えたにもかかわらず、大きな成果を収めた。国家地方警察の警察予備隊創設にかける熱意と献身的作業が、多数の隊員募集の立ち上がりを牽引した。

募集計画の骨子

警察予備隊の緊急募集計画の要目は、次のとおりである。

＊全般関係

・募集要項（募集条件、募集方針、試験および採用方法、集合編成方法）
・計画日程
・募集目標数割当
・募集期日、人員の調整計画（府県、管区学校、訓練機関相互の連絡方法）
・志願表、合格通知、身元調査票の作成印刷
・志願案内の作成印刷
・身元調査、指紋対照の依頼（警備課と鑑識課との連絡）
・訓練機関への輸送方法

＊予算、設備および人員関係

・募集採用に関する予算
・管区採用に関する予算
・管区学校施設および備品の整備
・輸送指揮官要員の確保
・管区学校職員の充員

＊広報関係
・ポスターの作成印刷
・新聞広告（中央紙および全国の地方紙）
・屋外広告（駅構内、列車および電車内）
・ラジオ放送、ニュース、スポットアナウンス、予備隊幹部の放送等
・映画スライド
・リーフレット（配布用）

募集開始から採用までわずか一〇日

今回の緊急募集は、応募および採用人員の多数、募集期日に制約されて、まさに全警察力をあげての画期的な業務となった。その募集日程（ＧＨＱの厳命）は、以下の通りである。

・八月四日　募集条件決定
・八月五日　各種印刷物の中央発注
・八月九日　全国警務部長および教養課長会議（東京）
募集実施の円滑化を期すために開催され、募集事項の説明と質疑応答が行われ、会議出席者は、都道府県の募集準備を促進させるため即日帰任した。
配布資料：募集計画の日程、警察予備隊隊員の募集要項、募集要領、募集基準目標、試

験実施要領、集合編成輸送要領、管区学校への警備および輸送要員の配置について、
募集関係予算について
募集関係印刷物：ポスター、志願案内、志願表、受験票、試験表、試験一覧表、身元調
査票、本籍調査票、学歴調査票、官庁調査票、合格表
募集業務における重点事項：
一般警察業務に優先して募集業務を実施すること。
関係機関との連絡を密にすること。
全報道機関および各官公署施設等を最大限活用すること。
身元の確実な者を採用すること。
募集開始から第一回の採用まで一〇日間の短時日であること。
各管区学校への入校者は四～五日後、指定される訓練場（キャンプ）に緊急輸送を
実施する。入校者は逐次、一週間ごとに一〇余回に区分して入校させるため、その集
合、部隊編成、輸送等に万全を期すこと。

・八月一〇日　管区警務部長および管区警察学校長会議
・八月一〇～一二日　国警・自警署長会議（各府県ごと）印刷物末端配布
・八月一三日　応募受付開始（国警・自警の全警察署）
・八月一五日　締切

・八月一七日　試験開始（各府県内要地試験場一八三か所）
・八月二三日　入校開始（各管区警察学校）

当時、決定された募集条件は、次の通りである。これらは、いずれもGHQ民事課の勧告に基づくものであり、日本政府、特に大蔵省において検討を加えた結果、逐次、決定をみたものである。

＊警察予備隊員は特別職の公務員であること。
＊隊員はすべて一定の宿舎に無料合宿して訓練と勤務に服すること。
＊手当ては月五〇〇〇円程度とし、逐次昇給すること。
＊満期後本人の希望により継続勤務が認められ、勤務年限に応じ退職手当が増加されること。
＊経歴によっては幹部級に採用され、また勤務成績良好の者は幹部に昇進する途があること。
＊被服、食事はすべて支給されること。
＊勤務場所は全国を、次の四地区に分け、原則として受験した地区において勤務すること。
・北海道
・東北地方、関東地方、新潟、長野、山梨、静岡の各県
・近畿地方、四国地方、富山、石川、福井、岐阜、愛知の各県
・中国地方、九州地方

＊年齢は満二〇歳以上三五歳までの男子、ただし、新制高校または旧制中学卒業者は満一八歳以上であること。
＊学力は新制中学卒業以上であって、身長一・五六メートル，裸眼視力〇・三以上等であること。

短い広報期間にもかかわらず応募者殺到

八月一〇日付『朝日新聞』の記事として取扱われた募集要項によれば、「警察予備隊八月一七日に試験」という見出しで、警察予備隊員七万五〇〇〇名の資格、待遇、応募手続、受験内容などの募集要項の細部が九日、国警本部から発表された。募集開始は一三日からだが定員に達すれば募集終了目標の九月一五日を待たずに打切りとなる。合格者はひとまず管区警察学校に集めたうえ逐次、警察予備隊勤務地の宿舎に移して編成を完了することになっている。なお、下級幹部も一般隊員と同様に今回の合格者中から採用される。応募要領は、次のとおり。

＊志願案内と志願表は全国各警察署、派出所、駐在所、市町村役場にある。
＊志願表の受付は毎日午前九時から午後五時まで。
＊試験は八月一七日から始まるが、常設試験場は毎日または隔日、巡回試験場では指定の日に行われ、一日で終了する。応募者は原則として現住地指定の常設試験場で受けること。

全国の新聞各紙は昭和二五年（一九五〇年）八月一〇日、一斉に警察予備隊の隊員募集を報じた。国家地方警察は同月一三日、GHQ民事課の緊急募集指令に基づき、全国の警察署（自治体警察を含む）において志願者の受付を開始した。短い広報期間であったにもかかわらず、受付初日に採用予定者七万五〇〇〇名の半数に近い応募者があった（表3）。

国警本部は言うに及ばず、GHQ・CASA（民事課別室：軍事顧問団）も、このように好な、血書嘆願書までも多数寄せられると言った応募状況に安堵したようである。受付開始三日後には、すでに採用予定者の二倍を超える有様であった。国警本部は応募者が五倍強に達した九月二日、北海道地区を除いて募集を締切った。そして北海道でも、応募者がようやく一万五〇〇〇名を超えた九月一〇日、それでも予定よりも五日早く募集を中止した。

敗戦から五年、市井では未だ闇市が散在し、就職状況も最悪で荒んだ空気が漂っていた。月給五〇〇〇円、退職金六万円は当時、大変な魅力であったことは間違いない。昭和二五年（一九五〇年）当時の初任給をみると、警視庁巡査が三九〇〇円、国警巡査三七〇〇円、東京都小中学校教員は大卒で五七〇〇円、専門学校卒が五〇〇〇円であった。警察予備隊員の五〇〇〇円は衣食住付きで

表3　応募者数（8.20～9.9の間、省略）

月日	受付数	累　計	倍率
8.13	36,450		
8.14	70,214	106,664	1.4
8.15	59,256	165,920	2.2
8.16	37,859	203,779	2.7
8.17	30,494	234,273	3.1
8.18	22,718	256,991	3.4
8.19	14,946	271,937	3.6
9.10	426	382,003	5.0

出典：『募集十年史（上）』

あり、その退職金六万円も一年間は楽に生活できる金額であった。しかし、この待遇はＧＨＱの反対により結局、月給四五〇〇円で落着した。

国警本部は、ＧＨＱからの強い指示もあり募集開始後、僅か四日後の八月一七日から全国の警察署、警察学校、公立学校の一部、公会堂など一八三か所において入隊試験を開始した。試験は身体検査（身長、体重、胸囲、視力、聴力、身体柔軟度、四肢関節、内臓器官など）、学科試験（社会、国語、数学）、面接、指紋採取、写真撮影が実施された。試験結果および所轄警察署長において身元確実と認定された者は即日合格、身元再調査を必要とする者は仮合格者とされた。受験者の中には愛国の至誠に燃え、採用を懇願して試験場を立去らない者まで出て連日、各試験会場は混雑をきわめたようである。

異例の速さで管区警察学校へ入校（入隊）

警察予備隊員の募集要項発表から受付開始まで四日間、入隊試験開始がその四日後、さらに一週間後の昭和二五年（一九五〇年）八月二三日には第一次合格者七五〇九名の入隊が行われた。この異例の速さは、ＧＨＱの厳しい要求によるものであった。入隊先は札幌、仙台、東京、大阪、広島、福岡にあった六か所の管区警察学校である。

管区警察学校への入隊状況は、八月二三日から一〇月一二日まで五日ごとに合格者を一一回に分け、一回に約七〇〇〇名ずつ受け入れることにした。この措置は、合格者をＧＨＱの指定するキャンプ（駐屯地）に収容するまでの一時的な集合場所として管区警察学校が選定されたのである。同校では出頭した合格者の点検、調査ならびに旅費の支払、被服の支給などが行われ、GHQ・CASA（軍事顧問団）の指示により、出頭隊員を指定地まで輸送して管理することが任務とされた。

この間、管区警察学校は本来業務（警察官の教育）を中止し、警察官の増援・支援を受け、あるいは臨時の雇用者を採用して事態に対処した。特に、給食に関しては衛生管理上、細心の注意が払われた。指定地への輸送は臨時・専用列車による部隊輸送とし、統率に必要な警察官が同行した。キャンプ到着後は、所要の警察官を残置させ、その後の適切な部隊運用のために暫定的な管理責任者とした。それは入隊当初、隊員の階級は全員二等警査であり、しかもキャンプには幹部が一人もいない上、管理、施設が不備であったからである。

このため、GHQ・CASA（軍事顧問団）は当該過度期、事実上の警察予備隊本部であった。各キャンプのレベルでは隊員一〇〇〇名につき一名、最大限二名の少佐級の米軍将校が配置された。また、キャンプの大部分には、一人の米軍将校と二人の下士官が派遣された。

なお、第一回（八月二三日）から第五回（九月一二日）までの各管区警察学校における入隊者数は表4、また同期間における入隊者の配置先（宿舎名）は、表5のとおりである。

私が入隊した動機

その日も蟬時雨《せみしぐれ》が喧しく、茹《う》だるような炎暑であった。六五年も前のことである。私は体調を崩して、三菱重工業名古屋機器製作所の職員寮の一室で静養をとっていた。その時、何気な

表４　各管区警察学校における入隊者数（第１回～第５回）

管区＼日付	8月23日（第１回）	8月28日（第２回）	9月2日（第３回）	9月7日（第４回）	9月12日（第５回）
札幌	885	825	1,022	899	872
仙台	1,324	1,351	1,308	1,423	1,177
東京	1,721	1,751	1,778	1,736	1,769
大阪	1,349	1,351	1,145	1,368	1,366
広島	1,061	1,118	1,013	991	984
福岡	1,169	1,165	1,163	1,193	1,353
合計	7,509	7,561	7,429	7,610	7,521

出典：『募集十年史』

表５　入隊者の配置（宿舎）先（第１回～第５回）

日付＼区分	入隊者数	指定地（宿舎名）
8月23日（第１回）	7,509	千歳、真駒内、仙台、舞鶴 防府、久留米
8月28日（第２回）	7,561	真駒内、仙台、舞鶴、防府
9月　2日（第３回）	7,429	千歳、真駒内、岐阜、防府 針尾
9月　7日（第４回）	7,610	恵庭、千歳、真駒内、陸奥市川 岐阜、小月、針尾
9月12日（第５回）	7,521	千歳、真駒内、陸奥市川、仙台 舞鶴、針尾、山口

出典：『警察予備隊総隊史』

く開いた新聞の記事に目を釘付けにされた。それは昭和二五年（一九五〇年）八月一〇日（木）付『朝日新聞』朝刊に掲載された国家警察予備隊の「隊員募集要項」であり、その後の私の人生に決定的な方向を与えるものであった。

私は地元の新制高校を卒業後、三菱重工業株式会社名古屋機器製作所に入社することができた。戦後の厳しい就職難のさなか、一流企業への就職が叶ったのは、卒業学年中、私一人であり、羨望の的でもあった。三重県から新制高校卒で採用されたのは津市出身のＭ君と二人であった。会社のそばには職員寮と、少し離れた場所に工員寮があり、そのＭ君と職員寮では同室であった。そのほか職員寮では大学卒の幹部候補生数名と一緒であった。

しかし、何のオリエンテーション（指導・講習）もなく、入社と殆ど同時に第一鋳造部というディーゼルエンジンの本体を鋳物で製造する第一線現場へ配属された。現場ではディーゼルエンジンのほか、スクーターのシリンダーヘッドや小型の鋳物が作られていた。現場における溶解した金属の匂いと立ち上がる粉塵、想像を絶する蒸し暑さの中で連日、夜遅くまでの残業に耐え、真っ黒になりながらもよく働いた。そこでは、何も考えることなど必要のない場所であった。

超難関の就職試験を突破して入社した職場は、私が描いていた働き場所とはおよそほど遠いものであった。連日の残業と重労働から膀胱炎を患い、会社の診療所に通って、ようやく血尿を止めることができた。職員寮の一室で、警察予備隊の「隊員募集要項」を目にしたのは、そんな時であった。「この道しかない」―何のためらいもなく、応募に踏み切った瞬間を今も鮮烈に記憶している。これが入隊動機の第一の理由である。

超一流企業からの転職理由の第二は、健康上の問題も大きかったが、決定的な要因は別なところにあった。私の亡父は長らく、京都において京友禅の図案師をなりわいとしていた。しかし、前大戦末期、平和産業は軍部によって次第に圧迫を受けて廃業に押しやられた。その影響を受け、亡父も軍需工場（中島飛行機製作所、愛知県半田市）に製図工として徴用された。それに伴い、一家は両親の郷里、三重県へ疎開せざるを得なかった。

戦後の混乱期、一家一〇人（両親、弟妹五人、戦死した伯父の遺児二人、私）の廃屋生活はまさに辛酸を嘗め、極貧にあえぐ日々であった。亡き母のたった一人の兄、私の伯父は三菱石油の社員であった。貧しい実家の両親（私の母方の祖父母）に仕送りを続けながら法政大学の夜間部に学んでいたと聞く。伯父は昭和一九年（一九四四年）年夏、三菱石油の派遣社員（軍属）としてボルネオ・バリックパパンの油田開発に向かう途上、乗船していた輸送船が米海軍潜水艦によって撃沈、東シナ海において戦死した。母は京都駅を通過する兄のために「きび団子」を作り、二人の甥の手を引いて見送りにいった時のことをよく覚えている。その一週間後、伯父は故国を少し離れた南の海で帰らぬ人になってしまった。母は、尊敬するただ一人の兄の姿を二人の遺児に重ねていたに違いない。母は自分の子供六人と戦死した兄の遺児二人を育てあげた。京都時代から母が大切にしていた着物のすべてが食料の代償になり、母の箪笥の中には埃だけが舞っていた。当時の母の労苦を偲ぶとき、今もなお、涙を禁じえない。母の負担を少しでも軽減するために、月給（約四〇〇〇円）の大半を送金することはごく自然な成り行きであった。母のすまなそうに喜ぶ顔が今も脳裏に浮かぶ。

特に憂国の至情に燃えて入隊を決意した訳ではない。新しい国家治安組織に好奇心で飛びついた訳でもない。最大の転職理由は、古都・京都における静かな生活から一転、農婦と化して、育ち盛りの大所帯を支える母の姿に、一円でも多くの母への送金が長男の私に求められた宿命でもあった。それが可能な条件が、「隊員募集要項」に提示されていたからに他ならない。二年勤務後の特例退職手当（六万円）は大きな魅力であったし、どうしても必要であった。そのすべてを、農家の手伝い（農作業報酬：食料）で、ささくれて荒れた母の手にとどけた日のことが、きのうの出来事のように胸に疼く。

母と一緒に大金（二万円）をもって、隣町へ自転車を買いに出かけた。ブリジストン製の「光」号は、確か一万八〇〇〇円であった。背に母を乗せて田舎道を走りながら、「我が家にもやっと自転車が来たね」とささやくような母のひとり言に、前を向いてペダルを踏む目に涙がこぼれそうになった。当時、自転車は、今のどのような高級車にも優る、母への最高の贈り物であった。そして、その時、三菱重工業入社から五か月で転職を決断したことに、いささかの悔いもなく、夏風が頬に心地よかった。入隊動機の第二の理由は、母を少しでも助けるためであった。このことが最大の入隊動機であったと言える。

ここでやや前後するが、入隊試験のことを書きとめておきたい。八月一〇日の新聞紙上で警察予備隊員の募集を知った私は、慌てて家に帰り、警察駐在所を訪ねた。顔見知りの駐在さんに前後の事情を詳しく説明し、警察予備隊の入隊試験に応募することを申し出た。そして、

「会社側に知られたくないので高校卒業後の四か月間、就職することなく、家事手伝いをしていたことにしてほしい」と駐在さんにお願いをした。駐在さんは、私の依頼を快く受け入れ、完全な身元調査を作成するから安心して受験するよう激励してくれた。なお、先に述べた募集条件に記載はないが、未成年者には親の入隊同意書が求められた。

昭和二五年（一九五〇年）八月一七日（木）、四日市市内の小学校における警察予備隊採用試験（学科、身体検査、面接、指紋採取、写真撮影）に臨み、当日の夕刻に結果が発表された。一〇〇人余りの受験者の中で「即日合格」は、私を含めて二名だけであった。そのほか、「仮合格」として数人が選抜された。そして、同年九月二日、大阪管区警察学校への出頭が私に通告された。

私は帰宅後、その足で「即日合格」を報告するために前述の駐在さんを訪ねてお礼を述べた。「即日合格」は身元調査が決定的な条件であった。母はとても不安げであったが、それでも喜んでくれた。大阪管区警察学校入隊までの約半月間、会社側には無言で通した。その時の気持は六五年後の今でも、決して忘れることが出来ない。あと何日で、この職場とも決別できると指を折りながら、相変わらぬ重労働に取り組んでいた。職員寮で同室だったM君も、私に続いて警察予備隊を受験したが、身体検査で不合格になったとあとで聞いた。その後、彼との音信が途絶えてしまった。息災でいてほしい。

九月二日（土）早朝、大阪管区警察学校へ入隊するため若干の着替えと洗面具を風呂敷に包み、三菱重工業名古屋機器製作所の職員寮を、あたかも強制収容所から脱出するかのような思いで、逃げるように後にした。会社側には退職願を提出することもなく、残りの有給休暇を申請しただけであった。休暇期限が過ぎれば当然、身分上の取り扱いは無断欠勤、職場放棄に相当する。

九月に入って間もなく、父が会社の労務部から呼び出しを受けた。父からの手紙で、そのことをあとで知った。それによれば、父が事情を説明したところ、会社側もうすうす、私が警察予備隊に採用されたことを承知していたらしい。会社は、私の退職を特例として事後承認するという寛大な処置をとってくれた。その上、社長餞別、特別退職手当および未払い給料分あわせて約二万円余の小切手を父に渡してくれたそうである。丁度その頃、母が疲労から倒れて自宅で静養中であった。母から後日、そのときのお金で病院にかかることができて、「天からの恵み」かと思ったという話を聞いた。私への会社側の暖かい配慮に対し、六五年間の思いを込めて感謝を捧げたい。そして、お詫びがしたい。

さらに、後日談を書き添えておかなければならない。平成二〇年（二〇〇八年）七月二四日夕刻、札幌北社会保険事務所から電話があり、「昭和二五年四月から九月までの五か月間、どこで勤務していたか」という照会があった。私が三菱重工業での就労について即答したところ、「消えた年金」であることが判明した。翌年六月、私の手元に「遅延特別加算金支払決定通知書」と「時効特別給付支払決定通知書」が届き、厚生年金約一三万円の追給をうけた。母が存命であれば、「そっくり送金してやったのに」――心の中でそっと合掌した。一瞬であれ、会社のことを強制収容所のように思ったことを恥じ入るばかりである。

私は九月二日午前、大阪管区警察学校へ入隊のために出頭した。最初（八月二三日）の入隊に続く三回目の入隊者は、全国六か所の各管区警察学校（札幌、仙台、東京、大阪、広島、福岡）へ合計七四二九名で、大阪管区警察学校へはこの日、一一四五名が入隊した（表4・5参照）。

入隊の受付は各県別になっており、受付が終わると、その場で認識番号（serial number）が付与された。西も東も分からない一八歳の少年は、認識番号が何を意味するものなのか見当もつかず、ずっと後になって分かった。それは戦場において戦死者を判別するためのものであった。木っ端微塵になっても認識番号プレートさえあれば、遺体の所属と人物を識別することができるという代物である。アメリカの兵士は全員、このプレートを首にぶら下げている。つまり、最初からすべてが米軍（GHQ）のやり方で始まったのである。この瞬間から私は兵士（GI：Government Issue，官給品の意）になったのである。因みに、私の認識番号は「G063510」であった。

その後、出頭旅費の支払、被服（制服およびバンド、帽子、半長靴など）の支給が行われた。そして、認識番号順に分隊（約一〇名）が編成され、それに基づいて小隊（三個分隊）、中隊（三個小隊）が仮に組織された。その日の夕食については思い出せないが、入隊初日が慌しく過ぎたことだけは記憶に残っている。

3．部隊の配置

ＧＨＱの指示で指定地（キャンプ）へ移動

各管区警察学校から指定地（キャンプ）への移動（行先）は、全てＧＨＱ・ＣＡＳＡ（民事課別室：軍事顧問団）からその都度、「部外秘」(restricted) で指示された。従って、隊員の輸送も、臨時特別列車（国鉄への指示）によって実施された。行先不明の部隊移動である。これだけ見ても、ＧＨＱ側の慎重な行動が窺い知れる。

ＣＡＳＡに与えられたマッカーサーの至上命令は朝鮮動乱勃発後の混乱期、朝鮮に出動した在日米軍師団の抜けた基地に日本の地上部隊七万五〇〇〇名を可及的速やかに配置することであった。ＣＡＳＡ隷下の全国地方民事部（八か所）は、警察予備隊のキャンプ（駐屯地）を選定し、武器、装備品等の受入れに全力を傾注した。

警察予備隊員七万五〇〇〇名のうち約四万名は、在日米軍が使用していたキャンプに収容することができた。しかし、残余の部隊は廃屋に近い工場跡地、校舎などを再利用する以外に建物がなく、新入隊員の到着に間に合わせるために必死の強行作業が続けられたようである。約三か月以内に、隊員七万五〇〇〇名を募集採用し、各キャンプに配置するという大作業が、ＣＡＳＡおよび国家地方警察によって推進されたのである。なお、第一回（八月二三日）～第一一回（一〇月一二日）における入隊者の全国指定地（キャンプ）への配置、収容人員および入営回数を表6に示す。

表６　入隊者の全国指定地（キャンプ）への配置、収容人員および入営回数

北海道地区	千歳	3,750名	4回
	真駒内(クロフォード)	7,211名	7回
	恵庭(アネックスチトセ)	899名	1回
		計　11,860名	
仙台地区	陸奥市川(ホーゲン)	3,221名	3回
	山形神町(ヤングハン)	3,410名	3回
	仙台(ファウラー)	2,284名	3回
	仙台(シンメルフェニヒ)	6,716名	7回
	松島	2,350名	3回
	仙台(レニアー)	957名	1回
	船岡	846名	1回
		計　19,784名	
東京地区	久里浜	2,992名	4回
	越中島(マックナイト)	600名	1回
	警察予備隊本部	383名	1回
		計 3,975名	
大阪地区	岐阜	6,046名	5回
	舞鶴	5,974名	5回
	信太山	1,400名	2回
	大久保	1,376名	1回
	奈良	1,607名	2回
	善通寺	1,000名	1回
		計　17,403名	
福岡地区	海田市	1,008名	1回
	防府	3,296名	3回
	小月(ファイスター)	1,361名	3回
	山口(クラウチ)	748名	2回
	久留米	3,417名	4回
	針尾	3,895名	6回
	福岡	4,166名	3回
	水島	1,999名	1回
		計　19,891名	
江田島	江田島学校	1,667名	1回
		計　1,667名	
		合計　74,580名	

出典:『警察予備隊総隊史』『自衛隊十年史』

以上のように、警察予備隊創設当初の部隊配置は、ＧＨＱ民事課および国家地方警察の強力な支援の下、朝鮮出動であいている米軍キャンプに主として緊急収容された。しかし、年末に至り、警察予備隊が使用中の信太山、岐阜、山形等のキャンプを再び米軍に引渡す必要性が生じ、部隊の分散・移動が行われた。信太山の約一四〇〇名は九州へ、岐阜の約五〇〇〇名余は四国、中国へ、山形の約四〇〇〇名余は中部方面へ移駐した。

他方、北海道では昭和二六年（一九五一年）三月、ＧＨＱからの指示により、真駒内、千歳等の米軍キャンプの四八時間以内の明渡しが求められた。そのため、利用可能施設への圧縮収容のほか、美幌、遠軽、帯広等への部隊移動が行われた。

部隊の編成と階級の付与

警察予備隊は本部と部隊等に分かれて組織された。部隊本部の初期の運用は、実質的にＧＨＱ・ＣＡＳＡ（民事課別室：軍事顧問団）によって実施された。すべての事項がＧＨＱの指示に基づいて進められたということである。

一方、昭和二五年（一九五〇年）八月から一〇月までの間に採用された隊員は当時、米軍が朝鮮出動のために空いた各地のキャンプ等に収容されて、中隊単位の仮部隊が編成された。しかし、この仮部隊は米軍顧問団の指示により、その後、各キャンプにおいて再編成された。これに必要な部隊本部、大隊本部、および中隊本部等が新設された。

仮幹部（階級は二等警査のまま、各級指揮官の職責を負う）の選出は当初、募集を担当した国家

図２ 警察予備隊の部隊組織

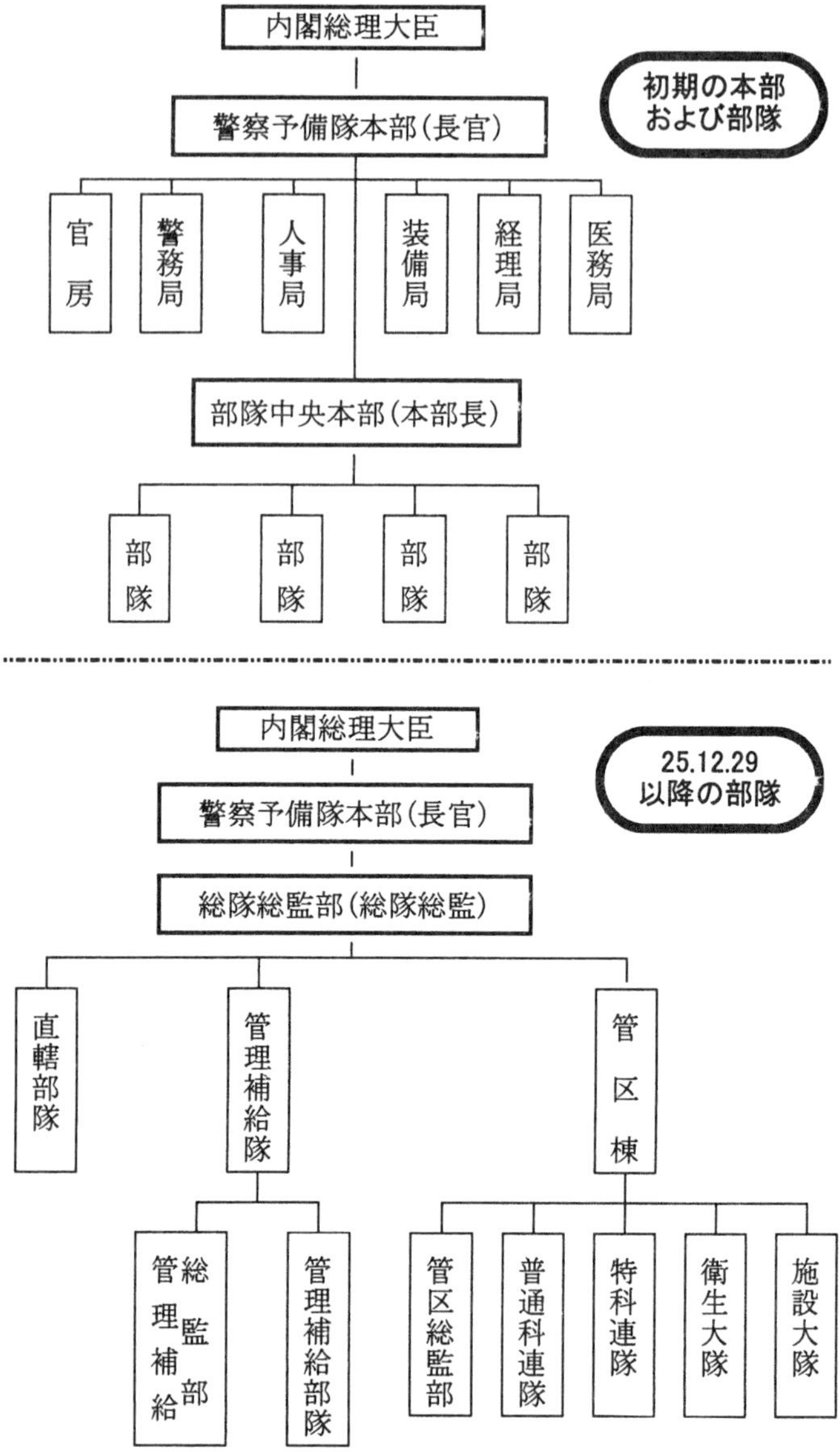

出典：『自衛隊十年史』

地方警察によって行われ、米軍キャンプ到着後、部隊の改編とともに改めて、顧問団主導で再選出された。その結果、隊員間において誤解と不信が生まれたようである。

同年一二月二九日、「警察予備隊の部隊の編成及び組織に関する規定」（昭和二五年総理府令第五二号）が公布され、部隊は総隊総監部および各管区隊に分かれ、正式に部隊編成された（図2）。しかし、結局はGHQの指示に基づき、翌年五月一日を目途として部隊編成の完結が急がれた。

部隊編成に欠かすことのできない重要な人事業務に隊員に対する階級の付与があった。階級制度のない軍事組織は古今東西、例をみないからである。当時は、入隊者全員が二等警査（旧一等兵）であった。一般隊員の階級付与に先立って幹部クラスの任用が主として米軍顧問団の指導監督の下に行われた。幹部養成・選抜教育機関として越中島および江田島に学校が開設された。教育修了後、人事担当官、指揮幹部（中・小隊長要員）、経理担当官、補給担当官、検務幹部などが次々に任命され、各キャンプへ配置された（九月～一〇月）。一一月に入ると、一般隊員から幹部への一斉昇任試験により、多数の幹部が任命された。昭和二五年中に任用された幹部の概数は、次の通りであった。

＊一般隊員から米軍教育による幹部任命者　七七二名
＊公募幹部および特別任用幹部　二六三名
＊一般隊員からの幹部任命者　二三二三名　合計　三三五八名

なお、昭和二五年（一九五〇年）一二月末現在、幹部任命の内訳は、表7のとおりである。

表7　幹部任命内訳（昭25.12.29現在）

（米軍教育修了者）

月日	警察監	監補	1正	2正	士長	1士	2士	計	摘要
9. 7							17	17	経理
9.16							20	20	人事
10. 5							31	31	人事
10.16							15	15	経理
10.16							29	29	補給
10.18						163	219	382	指揮
11. 4						46	208	254	指揮
11.12							24	24	検務
小計						209	563	772	

（試験任用幹部）

月日	警察監	監補	1正	2正	士長	1士	2士	計	摘要
10. 9	1							1	本部長
10.21				1				1	
10.25			11	14				25	
10.31					1			1	
11. 4			2	5	18	5		30	
11. 6				3	8	3		14	
11.10				3	2	2		7	
11.14				2	10	4		16	
11.21				8	20	1	1	30	
11.24				1	1			2	
11.25			2	1	2			5	
12. 1	6	1		1	2			10	総監
12. 5			2	2	4			8	
12. 8			1	2	1			4	
12. 9					1			1	
12.18					6	4	1	11	
12.19				9	28			37	
12.22				3	3	10	5	21	
12.28		1	2	2	9	6		20	
12.28				2	4		4	10	
12.29				1	2	5	1	9	
小計	7	2	20	60	122	40	12	263	
12.11					48	647	1,628	2,323	隊員選抜
合計	7	2	20	60	170	896	2,203	3,358	

出典:『警察予備隊総隊史』

昭和二五年（一九五〇年）一二月一七日、警察士補への全国一斉筆記試験が実施され、面接試験を経て、翌年一月二〇日に発令された。警察士補試験に引き続き、一月二一日から警査長および一等警査への昇任試験（筆記・面接）が行われた。発令日は二月四日であった（表8）。

このように警察予備隊創設以来約五か月にして、ようやく全隊員に階級が付与され、戦闘部隊としての体裁を整えたわけである。警察士補昇任試験は年齢制限があり、全員が受験できなかったように記憶する。結局、私に与えられた階級は警査長であった。しかし、善通寺部隊において一九歳になったばかりの隊員で警査長に任命されたのは私一人であった。

これらの昇任試験は、仮編成部隊内で様々な軋轢や不満を醸成した。仮中隊長が三等警察士補に、仮小隊長が警査長に任命されるというようなことが各部隊内で起こった。また、約三万名の隊員は二等警査のままであった。このような過度期における任命のアンバランスはその後、徐々に人事調整され、解消されていった。

岐阜、善通寺、姫路と移動

私は昭和二五年（一九五〇年）九月四日、大阪管区警察学校から行先を全く告げられることもなく、特別専用列車に乗せ

表8　一等警察士補以下の昇任者数

階　　級	昇任者数
一等警察士補	1,000名
二等警察士補	2,500名
三等警察士補	6,000名
警査長	15,000名
一等警査	16,000名
合　　計	40,500名

出典：『警察予備隊総史』

られた。乗車場所についての記憶がない。出発地は、恐らく信太山の米軍キャンプではなかったかと思う。到着したのは岐阜県各務原の米軍キャンプ（第二五歩兵師団駐屯）であった。

美しい広大なキャンプの外れに、まるでアメリカの西部劇に出てくるような鉄道引込み線のターミナルがあった。そこに降り立ったとき、不安よりも先に興味津々たるものがあった。割り当てられた宿舎は、絨毯のように敷きつめられた芝生の中に整然として並んだ白い蒲鉾兵舎の一つであった。それは、朝鮮戦争の勃発に伴い朝鮮半島へ出動した在日米陸軍第二五歩兵師団の居抜き宿舎であった。アメリカに来たような錯覚に襲われた。

宿舎に入ると、それぞれの足の長い二段ベッドの上に寝具類、作業服、飯盒、下着類、煙草、菓子袋などが並べられていた。未成年者の私には不必要な煙草を、先輩隊員に菓子袋と交換してもらった。室内の仕様がすべてアメリカ兵基準のため、背の低いわれわれ日本人には戸惑うことばかりであった。仕切りなしで、ずらりと並列したトイレには一番、戸惑った。シャワー室も、蛇口が高すぎた。宿舎内に食堂が併設されており、到着初日から飯盒による、温かい食事の給養が始まった。

私の所属は、岐阜仮第一大隊第二中隊であった。この時、大阪管区警察学校から岐阜キャンプへ移動したのは、三個大隊（約一〇〇〇名）程度だと思うが、正確な数字は記憶にない。隊員の出身こそ近畿圏の各県であったが、年齢構成は一八歳から三五歳までで、前職がまちまちの上、階級のない奇妙な部隊編成であった。年齢、職歴、旧軍歴などが考慮され、仮の分隊長、小隊長、中隊長が指名され、部隊の指揮権がそれらの人に任された。ここでは、一般隊員として徒歩教練、体育などの基本訓練の毎日であった（詳細は第2章で述べる）。そして、瞬く間に三か月が過ぎ去った。

岐阜キャンプの環境にもようやく慣れた頃、この年の一二月はじめに突然、行先不明の部隊移動が再び命じられた。もちろん、この突発的な部隊移動はＧＨＱの命令であり、隊員にも移動先を伏せた秘密計画であった。アメリカ側の秘密保全の徹底ぶりには驚かされた。先に述べたキャンプはずれの鉄道引込み線のターミナルに停車中の特別専用列車に乗り込み、楽しかった、夢のような三か月間の岐阜・各務原の米軍キャンプを後にした。今では笑い話のようであるが当時、列車内では「このまま朝鮮半島へ向かうのではないか」といった会話がまことしやかに交わされていた。結局、行き先は四国・善通寺であった。

当時、岐阜キャンプには五〇二四名の警察予備隊員が駐屯していたが、善通寺へ一八七三名、小月へ二一八名、広島へ九四一名、水島へ一〇〇一名、松山へ九九一名がそれぞれ移駐した。岐阜・各務原キャンプは同年一二月七日に閉鎖された。ＧＨＱの性急な明渡し要求の理由は、知る由もなかったが、アメリカ本国からの朝鮮増援部隊を、一時的に収容するためではなかったかと思う。

昭和二五年（一九五〇年）一二月五日、岐阜を離れた直行列車は、四国・善通寺へ到着した。香川県善通寺市は、かって乃木希典陸軍大将（日露戦争当時、第三軍司令官）が師団長をつとめたことで有名な第一一師団司令部の所在地であった。軍都として賑わった町である。

また、吉田首相の指示によって初代警察予備隊本部長官に任命された増原恵吉（のちの防衛庁長官）の前職は香川県知事であった。

駅頭では、多くの市民がもの珍しそうな眼差しで、われわれ一行を出迎えてくれた。というよりも野次馬の人だかりで溢れていた。善通寺駐屯地には、赤レンガ造りの兵舎が多く立ち並んでいた。ここも在日米軍の居抜き宿舎のようであった。岐阜・各務原のような芝生も、果てしない緑の広がりもなく、せせこましい佇まいであった。善通寺部隊では、善通寺仮第一大隊本部中隊に所属し約三か月間、大隊本部において勤務した。

昭和二六年（一九五一年）三月末、部隊は、再び善通寺から姫路に移動した。同年五月、ここで姫路部隊（郊外の旧陸軍野砲連隊あと）は、第六三特科連隊（五個大隊約三五〇〇名）として編成され、全国警察予備隊の仮編成が解かれ、正式な部隊編成の完結を見たのである。入隊から九か月後、ようやく警察予備隊の姿が軍隊らしく整い、警察色が徐々にうすれて、重装備化とともに次第に戦闘・火力集団としての陣容が鮮明になってくる。

第2章

❖ 警察予備隊の訓練

日本の再軍備に関するマッカーサーの指示が発令された昭和二五年（一九五〇年）七月八日からの約三か月間、ＧＨＱおよび国家地方警察は驚異的なスピードで警察予備隊の創設に対処した。七万五〇〇〇名の隊員募集と採用、被服の調達、指定宿営地への緊急輸送などがすべてにわたり、ＧＨＱの主導で成功裏に推進されたと言えよう。

しかし、行先も知らされず、特別仕立ての専用列車に乗せられた隊員たちは、一様に不安な様子を隠しきれなかった。到着したと思ったら、そこはほとんどが米軍のキャンプであった。そして、米軍の下士官が突然に現れて、明日から訓練を実施すると言われても、まるで狐につままれたような感じであった。

そこで、本章では警察予備隊創設当時の訓練状況および教範類の整備、渉外業務などについて、自分自身の体験をあわせて紹介したい。なお、本章で使用した文献は第１章において利用した文献のほか、優れた先行業績として葛原和三「朝鮮戦争と警察予備隊─米極東軍が日本の防衛力形成に及ぼした影響について―」（防衛研究所『防衛研究所紀要』第八巻第三号、二〇〇六年）によるところが大きい。

1．米軍指導下で行われた初期の訓練

基本訓練は米軍新兵教育と同じ

警察予備隊が創設された昭和二五年（一九五〇年）八、九月当時、すでに述べてきた通り、部隊の組織はすべて仮の編成であった。そして、仮幹部が一般隊員（全員、二等警査）の中から経歴、学歴、年齢などを考慮して任命され、部隊は仮の中隊単位に編成された。教育訓練計画は、ＧＨＱ民事課別室、つまり軍事顧問団の指示に基づいて立案された。これはアメリカ陸軍の新兵教育訓練教範から抜粋された最初の基本訓練計画のコピーに間違いなく若干、警察予備隊の訓練用に手直しされたものであった。それでも、各種の訓練が全国北海道から九州に点在した二八か所のキャンプにおいて、不統一ながらも米軍顧問団の管理・指導のもとに開始された。

同年一〇月二〇日、越中島駐屯地内に総隊総監部訓練部の母体となる訓練課（当時の名称は国家地方警察本部訓練課）が設置された。一二月二九日に「警察予備隊の部隊の編成及び組織に関する規定」（昭和二五年総理府令第五二号）が公布され、総隊総監部訓練部の職務が定められた。その後、同訓練部はＧＨＱ側の指導の下、部隊訓練について緊密な連携をとり、業務の円

滑な運用を進めた。その結果、訓練計画を整備して隷下各部隊に示達されるに及んだのである。

しかし、第一回（八月二三日）の入隊から最終回（一〇月一二日）の入隊までには約二か月の期間があり、その上、ＧＨＱからのキャンプ明渡し指示により、一一月初旬から一二月中旬までに大久保（一三四七名）、岐阜（五〇二四名）、舞鶴（三四四八名）など一六か所のキャンプ合計で約四万名近い隊員の、例の如く行先不明の移動が再び行われた。教育訓練どころの話ではなかったのが実状であり、各キャンプの諸事情、米軍顧問団の意思の不統一などから、教育訓練は各個ばらばらに行われていたようで

表９　第１期訓練計画
（第１回入隊時～翌年1月14日までの間の13週間）

科　　目	配当時間	内　　容
騎銃（口径30）	48	実弾射撃（16発）全員1回
徒歩教練	72	各個教練、中隊密集教練
査閲	48	大隊、連隊の閲兵分列、内務点検
体育・体力テスト	84	体力向上運動（教範による）
対暴動・戦闘隊形	129	分隊、小隊、中隊の行動
行軍	60	10、13、17、20哩（32キロ）行軍
衛兵勤務	90	部隊衛兵勤務（実務）
偵察・巡察	34	遮蔽、掩蔽
野外築城	24	各個掩体、交通壕
応急手当・衛生	9	救急法
野外炊事	7	飯盒炊事3回
情報教育	5	偵察と併合
地図解読	7	慣用記号、縮尺
合　　計	617	

出典：『警察予備隊総隊史』

ある。なお、第一期訓練計画は先述の通り、米軍マニュアル（教範）によるものであり、訓練のための器材、装備、施設などが整った教育訓練センターにおいて、はじめて実行可能な内容であった。第一期訓練計画は、表9のとおりである。

警察予備隊の基本訓練は第二期（一八週、中隊訓練、昭二六・一一・一五～五・一九）、第三期（一八週、大隊訓練、昭二六・六・四～一〇・六）～第六期（一三週、連隊訓練、昭二七・六・二三～九・三〇）へと継続される。しかし、実際に内容を伴う教育訓練は、訓練場の整備、米軍装備の貸与などと相俟って、部隊編成完結後の第三期以降である。

私の警察予備隊員としての第一歩は、前述のように岐阜各務原の米軍キャンプから始まった。朝の点呼から消灯までの日課は、全てが初めての一八歳の体験であった。毎日の課業（訓練）は、米軍顧問団下士官の指揮監督下で開始された。その内容は徒歩教練、体育を中心に、近距離行軍がしばしば行われた。この行軍は私にとっては散策に出かけるような気分であった。仮の中隊ごとに隊伍を組んで、キャンプ内はずれの丘陵地帯を時々、旧日本陸海軍の軍歌などを声たからかに歌いながら、のんびりと歩き続けた。アメリカ兵に軍歌の意味など分かるはずがなく、きわめて痛快であった記憶が甦る。

体育は連日、ソフトボールが実施され、やや大きく感じた道具は米軍側から提供された。いくつかのチームに分かれて対抗試合が組まれるようになった。グランドは内野がよく整備され、外野一面に天然芝が短く、美しく刈り込まれていた。一塁側と三塁側に木製のスタンドがあり、選手以外はスタンドに腰掛けて声援を送った。野球は小学校三年生ころから年上の仲間に入れて貰って始めた好きで得意な球技であった。私は、あるチームのサード・四番打者として、他のチームの脅威の的となり、たちまち強打者として名を馳せることになる。そのお蔭で、力作業が免除されたり、食堂では炊事係から特別な差し入れを受けたりもした。高校卒業後五か月、初めて味わった開放感であったし、本当に久しぶりに青春を満喫した。

高校を終えてとび込んだ三菱重工業の粉塵と灼熱の現場に比べれば、ここでの毎日は、遊びの続きのような楽園に思えた。グランドの芝生に仰向けに寝転び、流れる白い雲を追いながら、「これでよかった」、「転職して命をつないだ」としみじみ思った。そして、そのことについて微塵も悔いはなかった。

毎日曜日の午後、ふとしたことから知り合った米軍の軍曹（黒人）から英会話を習う機会を持つようになった。米軍宿舎を訪ねる度に軍曹は、まるで肉親の弟にでも接するかのように私を心から歓迎してくれた。初めてのコーヒーに驚き、チョコレートや珍しいキャンディーに舌鼓を打った。同軍曹との交流は、私が善通寺へ移動してからも続き、大きな木箱にコーヒー、紅茶をはじめ各種のチョコレートやキャンディー類をしばしば送り届けてくれた。やがて、音沙汰が途切れた。おそらく、朝鮮半島に出動して戦場に散ったものと思われる。陸軍除隊後、医大へ進学して、ドクターになることを常々、口にしていた軍曹を思うとき、朝鮮戦争が自分自身にも身近なものであることを実感させられた。哀しく、胸の痛む思い出である。

武器のなかった警察予備隊に米軍がカービン銃を貸与

朝鮮半島で砲弾が飛び交う中、昭和二五年（一九五〇年）八月二三日に開始された警察予備隊の国内各地への配備は、在日米軍の朝鮮出動に比例して急ピッチで進められた。在日米軍四個師団中、虎の子ともいうべき、唯一の残留第七歩兵師団に九月一日、遂に朝鮮半島への出動が下命された。これによって、日本国内は完全な無防備状態、とりわけ北海道の防衛に穴が空くという危険な状況におかれる事になった。

このような緊急事態下、GHQはCASA（軍事顧問団）に対し、九月一〇日までに警察予備隊一万名の北海道配備を厳命した。北海道は当時、第七歩兵師団が占用しているキャンプを除いて兵舎になりうる施設に乏しかった。結局、CASAは、第七歩兵師団の部隊がキャンプ内の鉄道引込み線から朝鮮に出兵すると同時に、警察予備隊の部隊を乗せた特別列車をキャンプへ送り込むという神業に近い交代劇を演じた。結果的には北海道千歳へ三七五〇名、真駒内（クロフォード）へ七二二一名、恵庭（アネックスチトセ）へ八九九名、合計一万一八六〇名の警察予備隊員が北海道に送り込まれた。

北海道に向かう新入隊員に対し、専用列車内でカービン銃の操作法を教育したとCASAの副長が自身の著書の中で認めているが、その事実はやや疑わしい。

警察予備隊が創設されてから約二か月間、各キャンプには全く武器はなかった。誰かが言った、まさに「戦力なき軍隊」そのものであった。CASAは同年一〇月、在日米軍兵站部（Japan Logistic Command）にカービン銃七万四〇〇〇挺（新品）を請求し、受領した。そして、それらのカービン銃が、全国各キャンプの米軍顧問団に配分された。

この武器援助は、米極東軍事特別予備計画に基づいて行われたもので、日米両国政府間の協定に基づくものではなかった。従って、その後、援助された各種の装備品も米国政府の資産であって、物品会計上の責任は全て米軍側にあり、日本としては米軍に対して道義的責任があるに過ぎなかった。この武器貸与の方法は、警察予備隊が保安隊に切替えられるまで変わることがなかった。

各キャンプの米軍顧問団は、このカービン銃を使用の都度、各隊員に貸出した。カービン銃はすべて、各キャンプの顧問団の署名によって受領され、その責任によって保管されたもので、警察予備隊側には一切の責任も権限も付与されなかった。

岐阜のキャンプでも、一〇月に入って間もなく米軍顧問団の下士官立会いの下、カービン銃が貸与され、使用後は宿舎内の武器保管庫に格納（施錠）された。銃の操作動作、行軍時など必要の都度、米軍顧問団の下士官が通訳を連れてきて、厳格に貸出した。非常に軽くて扱いやすい小銃であった。実弾射撃訓練は一度も行われなかった。そして、この小銃を初めて手にして、私を含めた誰もが、この組織が完全に警察ではないことに気付き始めた。しかし、カービン銃の貸与を受け、やがて、背嚢、弾帯、水筒などの軍隊用個人装備品が、次から次へと支給されたが、私には全くどうでもよいことであった。今更、後戻りすることなど毛頭、頭にはなかったからである。

善通寺・姫路で人事・渉外業務を担当

岐阜のキャンプから善通寺へ移動した昭和二五年（一九五〇年）一二月、私は善通寺仮第一大隊本部中隊に所属した。善通寺では大隊本部の人事係に配置され、人事業務の傍ら米軍顧問団に提出する隊員の退職願の作成に携わった。当時、隊員の休暇も退職もすべて、顧問団のサインが必要であった。

入隊から三か月余りが経過した頃、退職者の数は跡を絶たなかった。退職者それぞれに千差万別の理由があり、米軍顧問団を十分に納得させる退職理由が円満な退職条件の一つであった。従って、日本語で書かれた退職理由の英訳（英作文）には骨が折れた。私の英語力が稚拙であったからである。戦前の昭和一九年（一九四四年）四月、四年制の中学校に入学した私は戦後の教育改革（昭和二二年四月）の波に翻弄された。終戦を境に敵性外国語が一夜にして必須科目に変身し、英語の習得に努めたが、付け焼刃の域を出ることはできなかった。その私の粗末な英語が日常業務に少しでも生かすことができたことは、汗顔の至りであった。

英文の退職理由を付した退職願が米軍顧問団から突き返されることもしばしばであった。この時、米軍顧問団との直接的な接触は何もなかった。そのうち、徐々に要領を覚えて仕事が流れるようになった。この作業も広い意味での渉外業務であり、情報勤務の範疇に含まれる。私のその後の四二年間の情報勤務は、この善通寺の一室から始まったと言える。

激動の年が明けて昭和二六年（一九五一年）三月末、部隊は姫路へ移動することになった。善通寺では、重苦しいレンガ造りの薄暗い事務室の片隅で、辞書と首っ引きの毎日であったが、思えば英語の学習教室でもあった。しかし、岐阜各務原の抜けるような青空と限りない緑の広がり、グランドで飛び跳ねた日々とは余りにも対照的な善通寺であった。

姫路はかって第一〇師団司令部のあった白鷺城の城下町である。善通寺に比べて開放的な明るい町並みであった。姫路部隊は同年五月、第六三特科連隊として編成が完結された。警察予備隊創設から約九か月にして漸く、戦闘集団としての陣容が整えられた。

私は同連隊本部第一科（総務、人事）に配置され、庶務業務（部隊内売店業者の入門手続、来隊業者との対応など）および米軍顧問団との渉外業務を担当した。姫路部隊の米軍顧問団は連隊本部庁舎の、廊下をはさんで一番奥まった二部屋に事務室を構えていた。団長は長身のグラムボード砲兵中佐、副長は眼鏡をかけたインテリ風のターナー砲兵少佐であった。それに下士官が二人（軍曹、うち一人は二世通訳）、日本人の駐留軍労務者が二、三名の小世帯であった。

米軍顧問団の軍曹は毎日午前、各中隊の武器（カービン銃）保管庫の点検に出向いた。私はその都度、通訳として軍曹に同行した。通訳に困るような内容はほとんどなかった。そのうち、ジープやハーフトラック、重火器などが国鉄姫路駅の貨物ターミナルに入ってくるようになった。それらの車両や貨物を受領するため、顧問団と一緒に車で出かける仕事が徐々に増えた。業務上、運転免許証が必要になり、連隊の自動車教習所に入ることなく、課業外に同教習所の友人（教官）の指導を受けて受験したら運よく一発で合格した。運転免許試験は連隊の運転コースが使用され、公安委員会の係官が出張してきて行われていたため免許が比較的とりやすかったからであろう。通訳の職権を悪用し、運転コースでハーフトラックをよく乗り回した日々が懐かしい。

ある日、副連隊長が顧問団副長のターナー少佐と話がしたいので通訳を頼むということになった。二世通訳があいにく不在であったため、致し方なく引き受けざるを得なかった。公用ではなく、私的な会話が大半ではあったものの汗をかきかき、一時間ばかりの通訳を務めたこともあった。この年の秋に越中島・総隊総監部へ転出することになるが、それまで、このような毎日が、私の渉外業務の内容であった。

2. 教材の整備も付け焼き刃

教育訓練の教材は米軍教範に依存

絶対的権力者の至上命令とは言え、「一国の陸軍を二、三か月で最初から編成するという作業は一文無しで、大事業を始めよと言われたようなものであった」と米軍事顧問団の副長が述懐している。警察予備隊の創設は、基準となるべき部隊の編成表も、装備も、被服も、宿舎も何もないところからの出発であった。あったのは唯一、「マッカーサー命令」だけであった。

戦闘集団にとって最も大切なことは、言うまでもなく部隊の教育訓練である。警察予備隊創設時、それを所掌する担当部署も部員もいなかった。すでに触れたが、警察予備隊本部は昭和二五年(一九五〇年)七月下旬、東京越中島の元高等商船学校跡に設置された。米軍顧問団の指示により一〇月二〇日、国家地方警察本部訓練課(後の総隊総監部訓練部)が開設されて教育訓練に関する実務に着手した。同年年末に至り、ようやく総隊総監部訓練部の職務が定められ、実動に入ることになったのである。

近代陸軍を教範なしに教育訓練することは不可能である。教育訓練の準拠となる教範類は、その選定、翻訳、印刷などすべてＣＡＳＡ（ＧＨＱ民事課別室：軍事顧問団）によって進められた。ゼロからスタートした警察予備隊は当然のことながら、アメリカ方式に依存せざるを得なかった。当時、米軍の教範（Manual）は訓練教書（Training Instruction）と呼ばれ、ＣＡＳＡから提示された。昭和二五年（一九五〇年）九月、この教書の第一号として「カービン銃発射上の安全保持注意事項」、第二号「訓練課程の索引表」が各部隊に配布されている。

総隊総監部訓練部は、多数の教書を短期間に出版、配布する必要性に迫られ、ＣＡＳＡ所属の翻訳員と警察予備隊員二七名から成る翻訳班を設置した。このほか、同部は事務促進のため、各部隊から英語に堪能な隊員一二名を同翻訳班に配属させて、教材業務の推進を図ったのである。

しかしながら、部隊の教育訓練に必要な教範類の作成が遅れたため、教育訓練の準拠となるべき教材がなく、さらに米軍事顧問団の指導・指示も統一性を欠き、各キャンプにおける部隊の教育訓練には大きなばらつきがあったようである。

米軍教範の翻訳業務に従事

警察予備隊用の教範類は、既述のように翻訳、編集、校正、印刷、配布などすべてにわたり、

CASA（軍事顧問団）の指示によって行われていた。そのため、翻訳は軍事用語に不馴れな民間人が担当し、意味不明の訳文が続出して、それを使用する実動部隊側は困難をきわめた。CASAもようやくその不備に気付いたようである。それと同時に、CASAが日本語の教範には一切、軍事用語を使用しないように指示したことにも起因して、作業をより一層複雑化した。

総隊総監部訓練部は昭和二六年（一九五一年）七月、教範類の重要性を認識し、専門班の新設に着手した。同年八月、訓練班から独立して教材班が新設され、教材の整備が軌道に乗り始めた。

先に触れた訓練教書は軍事顧問団の助言により、教範（Instruction Book）と改称され、三数字の一連番号を付して教書番号が訂正された。教材班は教範の翻訳優先順位の策定、印刷を一手に引き受けると共に、各部隊からの教範に関する照会事項に対応した。それらの業務のうち、印刷および配布については総隊総監部総務課が主管することになり、教範業務の効率化が加速された。

私は同年一〇月、業務支援のため姫路部隊から総隊総監部へ派遣勤務を命じられ、同総監部訓練部教材班において米軍教範の翻訳作業に従事した。教材班では、制服組一〇数名のほか、年配の職員二〇人余りが机を並べ、辞書をめくる音だけが時々、聞こえてくる静かな事務室であった。しかし、息の詰まるような毎日であった。私の翻訳資料（米軍教範：特科中隊）が、現在の陸上自衛隊の教範の一部に反映されているものか、どうかを知る由もない。

教材班では教範の翻訳業務のほか、幻燈フィルムの作成にも参加した。警衛勤務のほか四〇種類に上るフィルムが米軍の教材に基づいて作成される計画であったが、作成要領の不馴れ、訳語の不統一、天候不良、顧問団の点検遅延等により作業は遅々として進捗しなかった。なお、幻燈機は各キャンプ、学校ごとに配布されていたが、利用効果はあまりあがらなかったようである。

ここでの、一般職種部隊（普通科、特科、機甲科など）の任務とはおよそかけ離れた業務が、私のその後の警察予備隊、そして昭和二七年（一九五二年）八月一日に改編された保安隊における勤務の方向を決定付けたと言えよう。

特科学校の開設と英語教育

総隊総監部訓練部は昭和二六年（一九五一年）一〇月一〇日、学校班を新設し、部隊の教育訓練の充実を目指した。まず着手されたのが特科学校の開設であった。特科学校は同年一一月一九日、千葉県習志野の旧日本陸軍騎兵学校跡に測量、通信、射撃指揮、車両などの課程を設置して開校した。

ＧＨＱ・ＣＡＳＡ（米軍顧問団）は翌年二月、総隊総監部総務課に「米国政府は近い将来、軍事諸般の修学の目的で日本人留学生相当数を受入れる計画がある」との内示を伝え、五月に入って「二八年度米国留学派遣要求計画案」が正式に示達された。この計画に基づき昭和二七年（一九五二年）五月一五日、特科学校に米国留学派遣要員のための語学教育を行う英語学校

（別科）が設けられた。この英語課程が現在、陸上自衛隊において行われている語学教育の嚆矢である。その後、この留学英語課程は翌年、神奈川県久里浜の通信学校に移管された。それと同時に、米軍教官は日本人教官に切り替えられた。第一期留学英語課程（同年六月〜九月）では、幹部学生九六名が顧問団将校による英語教育を受講している。第一回留学生六名は翌年四月、米国ジョージア州フォートベニング陸軍歩兵学校に派遣された。

習志野特科学校の別科は昭和二八年（一九五三年）一月、渉外英語教育課程を開始した。私は同年五月二七日、第四期渉外英語課程（七週間）の学生に選抜され、特科学校別科に入校した。特科学校に着校後、直ちに米軍顧問団による入学試験（筆記）が実施され、成績不良者は原隊復帰を命じられた。軍事顧問団の教官陣（助教を除く）は、次の通りであった。

＊歩兵　コールマン中佐、コロネル中佐、ドナーヘイ少佐、グレイ少佐
　　　　ローウエ少佐、ヤング大尉
＊戦車　オードウド中佐、チリゴッティス少佐、フラー少佐、ナッチング大尉
＊工兵　シュミット中尉

入校中は原則、日本語の使用が厳禁された。授業時間割は記憶していないが、渉外英語とは名ばかりの徹底した軍事英語教育であった。印象に残っているヤング大尉による授業は、米軍の教範「歩兵中隊」（Infantry Company）が教科書であった。融通の効かない、堅物の教官で

時間を忘れて講義に夢中になるのが常であった。しかし、映画俳優並みの、長身の、軍服の良く似合うキャプテン教官であった。ある日の夕食後、アメリカ映画の鑑賞会（キャンプ内の映画館）があるというので、気楽な気分でのんびりと見ていたら翌朝、そのストーリー、登場人物などについて教官の某少佐から、次々と質問が一人ひとりに浴びせかけられ、しどろもどろの英語で赤恥を書いたことを憶えている。それからの映画鑑賞は、のんびりどころか、英語教育の延長で鑑賞後、夜遅くまでクラス全員（約一〇名単位で一グループ、全部で三クラス）で検討会を開いて明朝の質問攻撃に備えたものである。

体育では教官チームとソフトボールの試合をして汗を流した。このときとばかり、岐阜各務原のキャンプを思い出し、容赦なく教官チームを打ちのめした。思えば、私にとって、懐かしく、有意義な英語教育であった。

なお、英語教育課程の推移は、次のとおりである。

＊習志野特科学校（昭和二七年五月開設）
・留学英語課程──→久里浜通信学校（昭和二八年二月移転、昭和三一年四月調査学校へ）
・渉外英語課程（幹部、陸曹）
＊小平調査学校（昭和二九年三月移転、昭和三一年四月越中島、昭和三五年一月小平へ）
・留学英語課程（幹部）
・渉外英語課程（幹部、陸曹）

・一般英語課程（事務官）

英語教育修了後、私は第三管区総監部（伊丹）第二部に配置され、米軍の「ＣＢＲ」（化学、生物、放射能兵器：Chemical Biological Radioactive weapons）に関する教範類の翻訳に従事した。警察予備隊創設後、わずか三年にして、この種の米軍教範類の翻訳が中央ではなく、地方の総監部においても行われていた理由は全く不明で、見当もつかない。しかし、米軍顧問団による、警察予備隊から改編（昭二七・八・一）後の保安隊の米軍式軍隊化の歩調が確かなリズムで推進されていたことだけは、疑いのない事実であった。

第3章

❖警察予備隊員の福利厚生

戦闘集団はまず、精強でなければならない。そのためには、装備の近代化と共に隊員の教育訓練の充実が必要不可欠である。寄せ集められた急造の警察予備隊においては尚の事である。あり合せの宿舎につめ込まれた隊員七万四五八〇名の生活環境の整備は、警察予備隊に課せられた任務遂行の前提条件である。古い工場跡や厩舎までもが隊員宿舎として使用された基盤的環境の改善は言うに及ばず、内面的な福利厚生施策の推進が戦闘集団にとっては、きわめて重要な問題であった。

そこで本章では、警察予備隊員の生活に密接な関連を有する共済組合の沿革とその活動、厚生施策および衛生問題などについて警察予備隊創設当時の事情を振り返る。なお、本章での文献は前述の各章と重複して使用した。

1．共済組合の活動

警察予備隊共済組合が発足

警察予備隊創設以来、隊員本人の療養は、国が療養の給付および療養費の支給を行うことになっていた。しかし、隊員家族の療養等については、警察予備隊施行令第二一条（本書末尾の関連資料3参照）により、国家公務員共済組合法を適用しないことに定められていた。そのため、他の官庁と異なり、警察予備隊に共済組合を設置して隊員家族の療養その他の救済を行うことができない状況にあった。各部隊においても、家族の療養等を行う機関の設置を要望する声が高まった。

そのため、第一案として国民健康保険に加入し、解決を図ろうとしたが、厚生省において検討された結果、国民健康保険は、全国市町村の約五〇％程度しか加入していない状況にあり、警察予備隊員家族の居住地が全国各地に散在しているため、たとえ国民健康保険に加入しても一部の家族の療養しか実施し得ず、全国的救済は不可能であることが判明した。

そこで、警察予備隊施行令第二一条を改正して、警察予備隊共済組合を設置するべく関係方面との折衝が開始された。関係方面では当初、大蔵省が難色を示した。しかし、他官庁の国家公務員との比較、家族の療養のための必要性が理解され、大蔵省の了承が得られた。その結果、昭和二六年（一九五一年）九月二一日、政令第三〇〇号により警察予備隊施行令の一部改正が実現した。同年一一月一七日、総理府告示第三六七号による警察予備隊共済組合運営規則が、また同月二七日、共済組合運営に関する警察予備隊隊則一〇―五がそれぞれ施行された。警察予備隊全隊員待望の共済組合が、ここに設置されたのである。

共済組合設立当初の役職員は、次のとおりである。

＊本部長　本部長官　増原　恵吉
＊副本部長　次　長　江口見登留
＊副本部長　総隊総監　林　敬三

なお、共済組合の適切な運営を図るため、運営審議会が設置され、以下の委員が内閣総理大臣から任命された。

＊委員長　次　長　江口見登留
＊委　員　人事局長　石井　栄三
同　厚生課長　峯　良平
同　総隊総監部人事部長　山田　正夫
同　総隊総監部主任経理官　皆川　良三
同　総隊総監部衛生課長　吉村　寧儀
同　総隊総監部人事部厚生班長　松井　久

同　第一管区総監部幕僚長　大島輝之助

共済組合の設置に伴い、同組合の支部が警察予備隊各駐屯地において発足した。駐屯地部隊長が支部長となり、出納役および出納主任がそれぞれ任命された。これらの任命に先立ち、総隊総監部は昭和二六年（一九五一年）一一月一九日から九日間、各駐屯地から厚生係官候補者五四名を招集し、共済組合業務講習会を開催した。その目的は、部隊厚生行政の実務担当官としての必要な知識・能力を付与するためであった。大蔵省をはじめその他の関係機関から講師を招き、共済組合業務の内容および一般厚生行政に関する研修が行われた。この教育課程を修了した幹部が厚生係官として各部隊に配置され、共済組合支部の出納主任に任命された。

警察予備隊共済組合は発足当時、組合員約七万五〇〇〇名、総数四六の支部から構成された。運営経理については当初、短期、長期、業務および保健施設福祉の四経理をもって発足したが、昭和二七年度に貯金、物資、貸付の三経理が、昭和二八年度に医療経理が、さらに昭和二九年度に住宅経理が、昭和三〇年度に宿泊経理がそれぞれ運営されるに至った。

昭和二七年（一九五二年）八月一日、保安庁の発足とともに、第一幕僚監部に厚生課がおかれた。この厚生課は、総隊総監部人事部厚生班の所掌事務を引き継いだものであり、ここに保安隊における福利厚生業務の本格的運用が開始されたわけである。

このような中央の厚生業務態勢に呼応して、各地方の総監部第一部に厚生班をおき、全国各駐屯地には福祉隊が創設され、福利厚生および共済組合の実務を所掌させることになった。そして同年一二月二五日、保安隊達第一六号「第一幕僚監部の業務所掌の暫定措置に関する達」によって厚生課に、新たに共済班がおかれることになった。

一方、警察予備隊共済組合は、保安庁共済組合に改称された。保安庁組合員の大多数は、少壮の独身者であり、営内に集団居住をしていることと本人自身の療養については、国が給与算定の際、本俸の一〇〇〇分の二六に相当する額を医療に要する経費として見込み、政令をもって国の機関で負担することとなっているところに基本的特徴を有していた。

共済組合業務の運営要領（昭和二八年三月一日実施）については保安庁職員、特に保安官に関する厚生施策の強化に即応し、その一環として遂行することを理念とした。つまり、共済組合の運営と保安隊としての厚生事業が常に表裏一体化して、厚生施策が円滑、合理的に推進されるようにするための調整が図られた。

先に触れた各駐屯地の福祉隊は昭和二八年（一九五三年）九月一日、駐屯地業務隊の新設に合わせて、業務隊厚生科として従来の所掌業務を担当することになったのである。

駐屯地売店の経営と機関紙『朝雲』の創刊

すでに述べたように、警察予備隊共済組合発足当初は、他官庁と同じように短期、長期、業務、保健施設福祉の四経理をもって事業を開始した。そしてまた、外出の困難な隊員の福祉のため、隊内に米軍のＰＸ（post exchange, キャンプ内売店）の例にならって隊内売店が開設された。これには共済組合直営の売店のほか、地元商工会等の要望もいれ、地元業者の売店も認められていた。

警察予備隊発足当時の隊内売店は、売店業者と部隊側との適当な契約により運営されていた。従って、売店の運営は統一性を欠き、業者の独善に傾いて隊員の福祉に少なからず悪影響を及ぼした。それ故、本部長官は昭和二六年（一九五一年）二月一二日、全部隊売店の統一を図り、その運営を円滑にするために隊内売店の運営に関する隊則（警察予備隊隊則第一一〇―一号）を制定した。この隊則の施行により販売品目、営業種目、契約条項等が規定された。また各部隊七名から成る売店委員会が設置され、売店の監督指導が強化された。

売店運営状況調査（警予総発人第一七〇号）が同年七月三日、全国三五の駐屯地において実施された。同月一日現在における調査結果は、次のとおりであった。

＊各駐屯地平均月間売上金　五五七五万七五四二円
＊各駐屯地割引平均率　一・二八割（最高は久里浜：一・七六、最低は熊本：〇・六四）
＊一人当たり平均購入金　八二五円（最高は第二管区：一〇二七円）

以上のように、警察予備隊における部隊内売店は従来、業者側の主導によって経営されていた。昭和二七年（一九五二年）七月、警察予備隊の売店に関する隊則の一部改正によって、次のように定められた。

＊各駐屯部隊に設置される売店は、警察予備隊共済組合の経営による。
＊共済組合は、売店の事業の一部または全部を業者に委託することができる。ただし、煙草の販売は組合の直営とする。

これにより、煙草の直営は全国の部隊の大半において実施されることになり、また売店については漸次、業者との契約更新を図り、全国的に隊内売店を共済組合の直営とする方向で準備が進められた。

第２章の「渉外業務」の中で触れたが、私は昭和二六年（一九五一年）三月、姫路第六三特科連隊の所属となり、連隊本部において庶務業務と米軍顧問団との渉外業務を担当した。その庶務業務の中に隊内売店業者の入門許可申請手続きが含まれていた。年輩の男性業者には厳しく接したが、若い女性には申請手続きに少々の不備があっても大目に見逃して、よく上司からお叱りを受けた。職権を濫用したわけではないが、私が売店を訪れると、それらの女性から歓待を受けたりすることがしばしばであった。一九歳の頃のほろ苦い思い出が残る。

警察予備隊の厚生福利事業の一環として、共済組合本部は昭和二七年（一九五二年）六月一日、警察予備隊機関紙『朝雲』第一号を発刊した。機関紙『朝雲』の発行目的は部隊生活に潤いを与え、隊員の士気の高揚、品性の陶冶を図ることである。同機関紙の記事は厚生福利事業の活動状況、各部隊の状況、娯楽、運動競技および教養に関する新鮮なニュースなどである。『朝雲』の当初の発行部数は一万部であったが、隊員一一万の増強に伴って、第五号（昭和二七年八月付）から二万二五〇〇部に印刷が増加された。その結果、隊員約五名に一部の割合で配布され、紙面も従来の内容に加えて、隊員の文芸作品等が掲載されるようになった。隊員から親しまれる機関紙として現在に至っている。

2．厚生施策の重視

劣悪な居住環境の改善

警察予備隊創設当時、すでに第1章で述べたように、私が配置された岐阜、善通寺、姫路各駐屯地の居住環境は米軍の居抜き宿舎であったり、旧軍兵営跡だったりしたが、比較的めぐまれていた。しかし、一部では空き工場、旧軍の腐朽兵舎、中には厩舎や格納庫が隊員宿舎に使用され、三段ベッドの劣悪な居住環境の部隊もあった。また北海道では、冬服の支給がおくれ、夏服のままで寒さと闘っていた隊員も多数みられたようである。収容施設（宿舎）を準備してから隊員を募集するのではなく、まず隊員をかき集めてから雨露をしのげる建物につめ込んだ状況であった。警察予備隊の急造事情から致し方のない一面もあったと言えよう。隊員宿舎の改善はその後、なによりも優先して対策が講じられた。

次に、営舎外居住のための国設宿舎であるが、昭和二六年度国設宿舎設置計画に基づき、一六三戸の建設が予定されたが、大蔵省査定により三五戸に限定された。地域的事情を考慮して北海道地区に新設された。

昭和二七年度、一一万編成に伴う幹部隊員の大増員は、国設宿舎の緊急増設を招いた。特に、北海道地区では、年内にできるだけ多数の官舎の設置が要請された。しかし、警察予備隊側から出された一三七二戸の建設要求に大蔵省側は、約七万五〇〇〇名に対して四二戸、新たに増員される三万五〇〇〇名の分として三四〇戸の設置しか認めなかった。そのうちの三〇〇戸は北海道地区用に割り当てられた。

この計画は土地取得、設計等に手間取り、建設予定が大幅に遅れて翌年度へ持ち越された。これは三万五〇〇〇名の増員に伴い、北海道地区に方面総監部が新設され旭川、名寄、留萌、釧路、南恵庭、島松、千歳、幌別、岩見沢の九か所に駐屯地施設が建設されることに大きく影響された。

国設宿舎問題は警察予備隊の場合、一般社会の住宅難とも相俟って、部隊が僻地に配置され、また部隊移動が頻繁に行われた事情も重なり、警察予備隊創設当初の重要な問題の一つであった。昭和二七年度までの国設宿舎の状況は、概ね次のとおりである。

＊昭和二六年度　本州　四三三戸、北海道　一五八戸　合計　五九一戸
＊昭和二七年度　本州　一八二戸、北海道　三六七戸　合計　五四九戸

なお、昭和二七年の保安庁発足当時、初代保安庁長官（事務取扱）でもあった吉田首相の鶴の一声で官舎三〇〇〇戸の建設がその後、決定・推進された。

盛んに行われたスポーツ

スポーツは、大学における各種競技部にみられるように体力の向上、他者との協調や競争心の醸成、対抗意識の中から育まれる伝統と名誉、何よりもチームワークの練成にとって青少年の育成にきわめて有効な手段である。警察予備隊約七万五〇〇〇名の青年集団においては尚の事である。スポーツはまた、勝敗を分かつ厳しさ以外に適度な娯楽性をもっていることも見逃せないし、営舎内居住からくる隊員のストレス解消にも大いに効果的である。

警察予備隊創設当時、訓練場（グラウンド）の不備は致し方のないところであった。しかし、各部隊の厚生係幹部の活動は漸次活発となり、中央からの各部隊への厚生娯楽用物品の交付によって徐々に軌道に乗りはじめた。昭和二六、二七年度厚生費予算のうち、部隊に配分された運動・娯楽用物品は、以下のとおりであった。

＊昭和二六年度

・野球用具一四四組（四月）、バレーボールおよびセット五組、ラグビーボール一五〇個（五月）、野球用具一六〇組、軟式ボール一六〇ダース、準硬式ボール一八〇ダース、卓球用具三七〇組（八月）。

・囲碁および将棋各九六〇組（八月）、映写機五台（一一月）。

＊昭和二七年度

・野球用具四二二組、野球ネット一〇四個、野球ベース一〇四個、準硬式野球ボール四六五ダース、軟式野球ボール一〇五〇ダース、野球用バット一一〇〇本、卓球用具五四組、ラグビーボール一〇〇個、バレーボール一六六〇個、同ネット九〇枚、その他。

・囲碁四九九組、将棋四八八組。

各部隊における運動競技の普及は著しく、あらゆるスポーツが実状に応じて盛んに行われ、各管区では野球、バレーボール、バスケットボール、駅伝競走、柔道、スキー、相撲、陸上競技などの部隊対抗戦が実施されるに至った。昭和二七、二八年度に開催された中央大会は、次のとおりであった。

＊昭和二七年度

・第一回中央軟式野球大会
八月一二日～一三日、東京後楽園球場　優勝チーム：久里浜総隊学校（長官直轄部隊代表）

・第二回全国柔道大会
一〇月一〇日～一一日、東京講道館　優勝チーム：第四管区代表

・第一回全国射撃大会
一二月一二日、東京大久保射撃場　種目：拳銃、カービン銃、ライフル　優勝チーム：第一管区代表

＊昭和二八年度
・第二回中央軟式野球大会
八月八日～一〇日、東京後楽園球場　優勝チーム：第三管区代表
・第三回全国柔道大会、東京講道館
一二月一一日～一二日　優勝チーム：第三管区代表
・第二回全国射撃大会
一二月五日、埼玉県朝霞米軍射撃場　優勝チーム：第一管区代表

私は昭和二九年（一九五四年）八月、札幌駐屯地野球部（北海道代表）の一員として第三回中央軟式野球大会（東京・後楽園球場）に出場した。そして、翌年および翌々年の夏には、大学野球のメッカ・東京神宮外苑野球場において開催された同大会に三年連続で参加した。身体は小さかったが強肩捕手、強打者としてグラウンド一杯に走り回った。あの若き日の汗にまみれた思い出が今も胸に熱い。昭和三〇年の第四回大会には、郷里から愛弟を東京に呼び寄せ、神宮外苑球場のベンチへ入れた。私よりも野球が上手かった弟は早稲田大学へ進学したが、野球部に所属することはなかった。

昭和二八年度第４・四半期規律刷新期間に実施された検閲の際、部隊の厚生運動活動のうち、前述の各種中央大会の開催に伴う弊害について、次の諸点が指摘された。

＊出場選手に対して訓練、勤務の免除等、特別扱いをしている。
＊選手の練習のため、他の隊員に練習の機会、場所を与えない。
＊選手が例年、同一人になり、他の隊員の参加機会が少ない。
＊中央大会に多額の費用を使用するよりも各部隊に配分した方がよい。

しかし、第一幕僚監部厚生委員会は、中央大会実施の効果を高く評価し、各管区、各部隊間の交流、スポーツの奨励、隊員相互間の親睦、不健全な娯楽の排除等、中央大会の利点を指摘し、同大会の継続開催を決定した。第一幕僚監部厚生課は昭和二九年（一九五四年）六月、中央大会運営の基本方針を、次のように定めた。

＊訓練等の本務遂行を妨げないよう留意する。
＊代表選手を一部の隊員に固定し、特別待遇をしないこと。
＊厚生経費の効率的運用に努力する。

各部隊におけるスポーツの奨励と相俟って、旧陸軍戸山学校のような体育学校の新設が要望されていたが、それが実現をみるのは、約一〇年後の昭和三六年（一九六一年）になってのことである。現在、埼玉県朝霞の自衛隊体育学校は陸海空の共同機関として、オリンピックのメダリストなど多くの優秀なスポーツ選手を輩出している。今昔の感がある。

3. 衛生、医療の充実

隊員の健康管理に力を注ぐ

警察予備隊の任務達成上、最も重要な基本事項は隊員の健康管理である。健康管理の充実した確立なくして部隊の精鋭化はとても望めない。警察予備隊創設当初、総隊総監部衛生課が、保安庁改編時には、第一・第二各幕僚監部の衛生課がそれぞれ衛生業務に関する計画立案やその実施に当たった。昭和二七年（一九五四年）八月、保安庁発足と同時に第一幕僚監部には、特に衛生監が配置され、衛生監が衛生に関する重要事項について第一幕僚長を補佐することになったのである。

警察予備隊創設時、一般隊員の採用後に身体検査を実施したところ、活動性結核患者と診断された者が三七二名に上った。これらの者は入隊前に罹病したものとして、昭和二五年（一九五〇年）一〇月に退職させられたが、その後、一二月に特別措置として退職発令日にさかのぼって復職させることになった。

当時は、療養措置に関する規定がなく、とりあえず、これらの者は八か月間の医療費（六〇〇〇円を限度）および俸給を支給して自宅療養をさせることにし、八か月間に勤務できる状態に回復しなかった場合、免職にすることとしたのである。その結果、昭和二六年度中に復帰した者一二〇名、免職となった者二〇九名、依願退職した者三八名、死亡した者五名であった。

特に、結核については、隊員が集団生活を営んでおり、二〇歳～二五歳の年齢層が大半を占めていることから万全な予防対策が求められた。赤痢については年々、食品衛生、環境衛生等の改善により予防効果が上がっている。

警察予備隊創設以来、各種疾病の予防、その早期発見、栄養改善、環境衛生、精神衛生等、隊員の健康増進と体位の向上を図るため定期健康診断、適性検査、予防接種、食品衛生、衛生検査がしばしば実施されている。

因みに、昭和二八～三〇年度における結核、性病および赤痢患者の発生率（隊員一〇〇〇人に対する年間の患者発生数）は表10、昭和二九～三一年度における隊員の休務率（隊員一〇〇〇人に対する一日平均の休務を要する者の数）は表11のとおりである。

隊員等に対して診療を行う機関として中央病院、地区病院、医務室等が設置されている。警察予備隊創設当時の病院としては救急病院四、後送病院三、基地病院二、移動外科病院二が編成されていた。これらはいずれも、病院としては野戦病院的な性格を有するものとして存在していた。昭和二八年（一九五三年）以降、地区病院が次々に建設された。また医務室は当時、各

表10　結核、性病、赤痢患者発生率

	28年度	29年度	30年度
結　核	14.3	12.8	8.8
性　病	18.2	13.2	11.6
赤　痢	23.2	7.7	8.1

出典：『自衛隊十年史』

表11　隊員の休務率

	29年度	30年度	31年度
休務率	20.2	16.5	19.2

出典：『自衛隊十年史』

部隊に救護所的な機能を果たしていたが、昭和二八年以後、駐屯地医務室としての実体をそなえ、昭和二九年からは、医療法による診療所として運営されるに至った。

中央病院は昭和三〇年（一九五五年）一一月、東京都世田谷区三宿に設置された。地区病院の開設状況は、表12のとおりである。

苦労した医官の確保

医官、歯科医官の募集は昭和二六年度以降、常時行われている。しかし、採用者は、計画人員の数分の一程度に過ぎず、採用後も退職者がきわめて多い。募集不振の原因は、次の問題点が考えられる。

＊隊付勤務の場合、隊員の健康管理、衛生部隊の指揮訓練等に関する業務等、過大な負担を強いられ、医師としての技術向上や研究環境に恵まれない。

＊昇進、勤務地の選択、その他人事面において前途に期待が持てない。

表12　地区病院の開設状況

名　称	病床数	開設年月	所在地
札幌地区病院	300	30. 1.25	札幌市
福岡地区病院	200	30. 1.25	福岡県筑紫郡
福山地区病院	200	27.10.15	広島県深安郡
熊本地区病院	100	32. 8. 1	熊本市

出典：『自衛隊十年史』

＊民間医師と比較して給与面で差があること。

そこで、対策としては、昭和二七年（一九五二年）八月、保安庁に改編後、保安隊独自に医官等を養成することが考えられた。例えば、保安大学校における医学部の開設、旧軍委託学生制度の創設などが検討された。警察予備隊創設当初における医官の募集・採用状況（陸上要員）を、表13に示す。

昭和二六年（一九五一年）四月、衛生幹部の充足を図るため、大学および高専卒業者を採用することになった。採用予定人員は医官約四〇名、薬剤官および歯科医官それぞれ約二〇名、合計約八〇名であった。その結果、六八名が任命された。その後も自由任用（推薦任用）によって採用し、また同年一二月に医官の第二次特別募集も行われた。

医官不足の決定的解消のために防衛医科大学校が創設されるのは、昭和四九年（一九七四年）四月のことである（翌年、附属高等看護学院開設）。

看護師の養成について、看護学生に触れておく。看護学生は昭和三二年（一九五七年）四月、衛生学校内に看護婦養成課程として創設されたものである。看護学生は自衛官募集中の

表13　医官等の募集・採用状況

	採用計画数	応募人員	採用人員
26年度	230		68
27年度	130	74	17
28年度	305	120	39
29年度	40	140	61
30年度	120	97	53

出典：『募集十年史』

表14　看護学生募集状況

	採用計画数	応募人員	採用人員	備　考（競争率）
32年度	30	2,262	30	第１期・75倍
33年度	30	2,372	30	第２期・79倍
34年度	30	2,771	30	第３期・92倍

出典：『募集十年史』

最大の競争率で、三年間の平均は八〇倍をこす超難関であった。
その募集状況を、表14に示す。

第4章

❖ 警察予備隊の発展

昭和二五年（一九五〇年）六月二五日に勃発した朝鮮戦争がわが国に与えた影響は、多くの分野にすさまじい衝撃を与えた。彷彿として沸きあがるアメリカ本国軍首脳部の日本再軍備構想、戦争放棄・武力不行使・戦力不保持を高らかに唱道したピューリタン的マッカーサー憲法、対日講和問題の渋滞、勝利者として占領軍の特権をむさぼる在日米軍の享楽生活などが朝鮮半島で火を噴くという現実の前にもろくも吹きとばされた。

隣国のこの不幸・悲惨な戦争によって、わが国再軍備の原点である警察予備隊が創設されたことは幾度も触れた。そして、この戦争がまた、対日講和条約締結の促進、日本経済復興へのきっかけになったことも見逃すわけにはいかない。

昭和二七年（一九五二年）四月二八日、対日平和条約（一九五一年九月八日、サンフランシスコで調印）が発効し、それと同時に日米安全保障条約も効力を発生した。このようにわが国は戦後六年八か月で主権を取り戻した。同日の午後一〇時三〇分、ＧＨＱ・連合軍最高司令部は閉鎖され、占領は終結した。そして、わが国の再軍備は新しい段階に入ったのである。

そこで本章では、保安隊発足の経緯、改編の特徴について振りかえる。それと共に、保安大学校をはじめ基幹要員育成のための学校・制度などについても考察する。なお、本章において使用した文献は、前述の各章において利用したもののほか、次の文献を用いた。

＊陸上幕僚監部総務課文書班隊史編纂係『保安隊史』(大蔵省印刷局、一九五八年)。
＊防衛大学校十年史編集委員会編『防衛大学校十年史』(黎明社、一九六三年)。
＊原剛「最後の海軍大将大いに語る（１）（２）」(防衛弘済会『修親』一九七九年五・六月号)。
＊土井寛『自衛隊』(朝日ソノラマ、一九八〇年)。
＊中馬清福『再軍備の政治学』(知識社、一九八五年)。
＊堀栄三『大本営参謀の情報戦記』(文藝春秋、一九九六年)。
＊増田弘「朝鮮戦争以前におけるアメリカの日本再軍備構想（一）」(慶應義塾大学法学研究会編『法学研究』第七二巻第四号、一九九九年)。
＊中森鎮雄『防衛大学校の真実』(経済界、二〇〇四年)。
＊槇智雄『防衛の務め』(中央公論社、二〇〇九年)。
＊『讀賣新聞』平成二六年（二〇一四年）一月一八日、七月二日、八月一五日、九月一日付。
＊『日本経済新聞』平成一七年（二〇〇五年）年一二月八日付。
＊拙著『情報戦争と参謀本部―日露戦争と辛亥革命―』(芙蓉書房出版、二〇一一年)。

＊拙著『情報戦争の教訓』（芙蓉書房出版、二〇一二年）。

１．保安隊への移行

発足の経緯

第二次世界大戦の敗戦から一年九か月後の昭和二二年（一九四七年）五月三日、日本国新憲法が施行された。そして、戦力の保持を全面否定した第九条が日本の安全保障に関する大きな足かせとなり、今日まで尾を引いている。そこでまず、わが国の安全保障問題に大きな影響を与えた三名の名前をあげ、その理由を指摘しておきたい。

＊ケネス・クレイボーン・ロイヤル米国陸軍長官（一九四七年七月一九日就任）
＊芦田均外務大臣（一九四七年六月一日、片山内閣で就任）
＊吉田茂内閣総理大臣（一九四八年一〇月一五日、第二次吉田内閣）

ケネス・ロイヤル米国陸軍長官は昭和二三年（一九四八年）一月六日、サンフランシスコにおいてマッカーサーの対日占領政策を真っ向から批判する注目すべき演説を行った。その中で、ロイヤルは、次のように述べている。

「日本は極東における全体主義の防壁となるべきであり、アメリカは日本の自立達成に協力すべきである」

これはロイヤル個人の見解ではなく、アメリカ国防筋要路高官の総意に裏打ちされたものであった。ロイヤルは、第一に日本自体を強化してアジアの安定勢力にすること、第二にアメリカの経済的人的負担を削減して、余力を冷戦の主戦場であるヨーロッパに指向することを強調した。

ロイヤル演説は「マッカーサー幻想憲法」施行からわずか半年後、アメリカの対日政策転換を内外に示す公式の第一声となった。その約三年半後、場所も同じサンフランシスコで対日平和条約（一九五一・九・八）が調印された。

次に芦田均は昭和二二年（一九四七年）六月一日、第二次吉田内閣（昭和二一・五・二二～二二・五・二四）のあとを継いだ片山哲内閣（昭和二二・五・二四～二三・三・一〇）の外相として入閣した戦後わが国政界リベラル派の逸材であった。翌年三月には片山のあと、芦田内閣を成立させている。芦田は外相に就任するや、講和条約問題に取組み、特に、平和条約発効後の最大のポイントである安全保障問題に英断を下している。

芦田はＧＨＱに接触したが、その優柔不断な対応に見切りをつけ、横浜に司令部をおく米第八軍司令官アイケルバーガー中将（親日家）を通じて、アメリカ本国政府への打診を試みた。芦田の安全保障問題に関する基本方針は「特別協定によって米軍の駐留を認め、それによって安全を保障する」という構想であった。結局は、それが日米安全保障条約に引き継がれるのである。吉田は芦田構想（メモ）について、次のように述懐している。

「この文書は、米国が講和後も日本周辺に兵力を維持すること、日本は一朝有事の際には米軍の使用に供すべき国内の基地を維持することなどの構想の下に書かれたものであり、方向としては、後に日米安全保障体制の基本をなす考え方と全く同一のものであったといえるであろう。私の第二次内閣が成立したのは昭和二三年一〇月であるが、前述の片山内閣時代の方向は、大体わが方針としてはそれ以外にないと考えていたので、内閣が変わったからとてその方針を変更する必要は認めなかった」

芦田は、戦後のわが国安全保障問題にもう一つ大きな影響を与えている。それは、衆議院憲法改正特別委員会の委員長として昭和二一年（一九四六年）七月二九日、憲法第九条第二項の冒頭に「前項の目的を達成するため」という字句を入れる修正を加えたことである。前項とは「国際紛争を解決する手段としての武力行使を永久放棄」をさしている。芦田は、のちにこの修正について、次のように述べて、現行憲法下でも自衛力保持は可能とする有力な理論的根拠を残した。

「侵略戦争を行うための武力はこれを保持しない。しかし、自衛権の行使は別であると解釈する余地を残したいとの念願から出たものであった」

猪木正道氏（元防衛大学校長）は、芦田の卓見について、次のように述べている。

「吉田茂という存在が余りにも大きかったため、とかく見落とされやすいが、有事駐留構想といい、憲法第九条修正といい、防衛力再建の過程で芦田氏の果たした役割は決して小さなものではなかった」

三人目の吉田茂については、本章において後述する基幹要員の育成にも見られるように、保安大学校（現防衛大学校）の設立に強い関心を示し、また適切な指示を与えて幹部養成機関の事実上の創設者となった。これだけを見ても、吉田は、独立後のわが国安全保障問題に並々ならぬ思いを秘めていた。吉田は建前と本音を見事に使い分けながら国内的にも、対米交渉においても日本の防衛問題をリードしたのである。

日本の防衛努力を求めるアメリカの要求は、日米安全保障条約によって加速された。同条約前文の後段で、次のように述べられている。

「アメリカ合衆国は、平和と安全のために現在、若干の自国軍隊を日本国内およびその付近に維持する意思がある。但し、アメリカ合衆国は、日本国が、攻撃的な脅威となり又は国際連合憲章の目的および原則に従って平和と安全を増進すること以外に用いられうべき軍備を持つことを常に避けつつ、直接および間接の侵略に対する自国の防衛のため漸増的に自ら責任を負うことを期待する」

これは、「防衛力漸増」の規定であり、条約上の文言は「期待する」といっているが、その内実は義務を超えるものであった。吉田以後の歴代日本政府が再軍備をなし崩し的に推進してきたのは、そのようにせざるを得なかった国内外情勢にもよるが、この漸増の規定の果たした役割を見落とすことができない。

その結果、警察予備隊と海上警備隊を一本化して、保安庁を誕生させるに至る。昭和二七年（一九五二年）一月五日、吉田・リッジウエイ（連合軍最高司令官）会談が開催された。その中心テーマは「防衛力漸増問題」であった。つまり、GHQは、講和条約が発効すると自然消滅し、日本政府へのコントロールが効かなくなるため、前約束をとっておきたかった。GHQは日本政府に対し、日本本土防衛のためには一〇個師団、三二万余の兵力が必要であると見積り、米軍の早期撤退のためにも防衛力増強計画の早期実現を求めてきたのである。しかし、吉田は、その要求を蹴った。

結局、吉田・リッジウエイ会談で、さしあたり一一万人、翌年一三万人ということで、GHQとの折り合いがついたのである。保安庁法案は、吉田が国会で構想を明らかにしてから三か月余りたった同年五月一〇日、やっと国会に提出された。同法案は提出後、八〇日の審議を経

図３ 保安隊組織図（昭27.8現在）

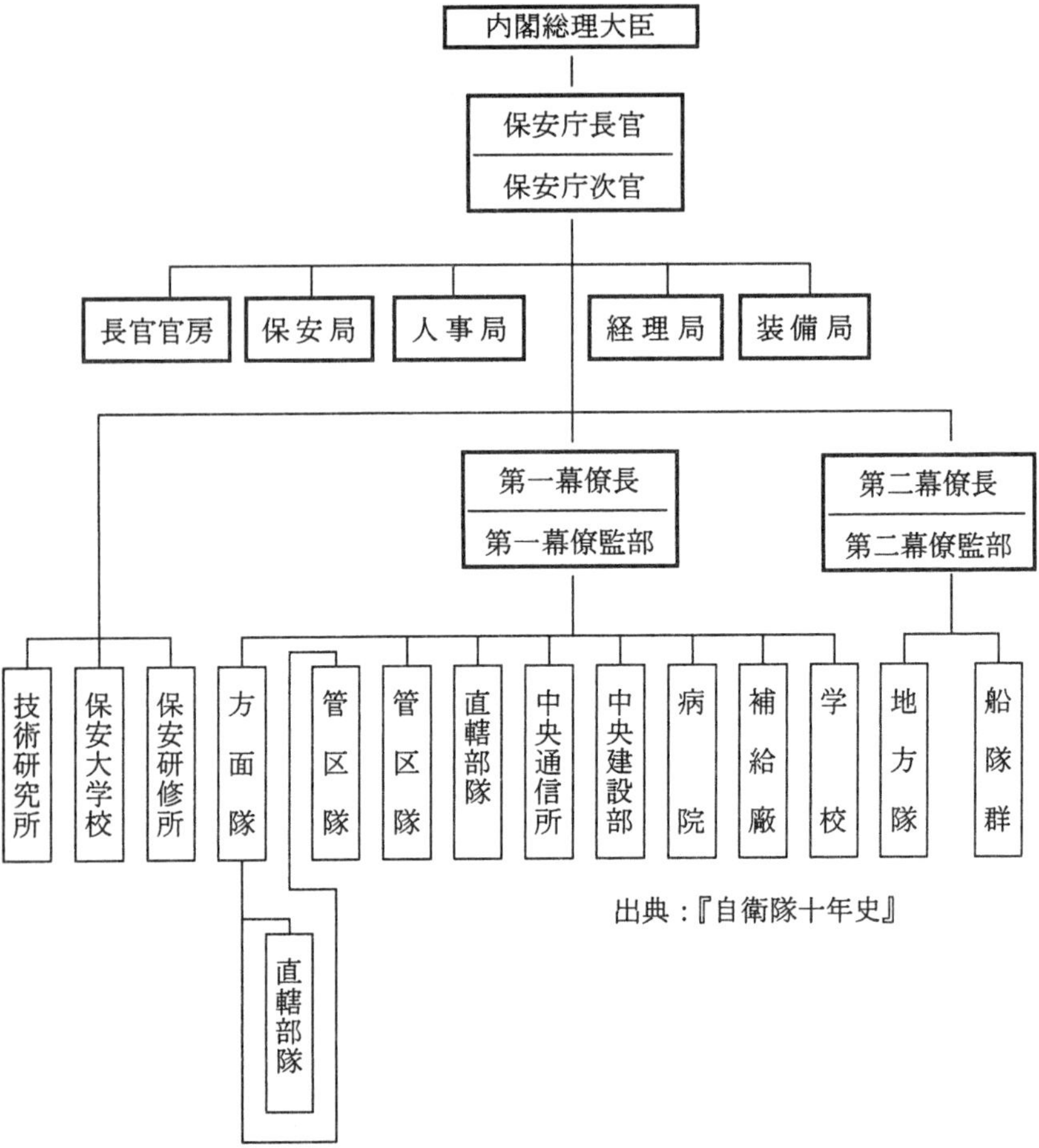

出典：『自衛隊十年史』

て、同年七月三一日の国会最終日にすべり込み成立した。翌八月一日、保安庁が正式に発足した。警察予備隊創設から二年、わが国の再軍備は階段を一歩、確かな足どりでかけ上った。保安隊発足時の組織および全国駐屯地の配置を、図３と図４にそれぞれ示す。

警察色の払拭を鮮明にした保安隊

警察予備隊は昭和二七年（一九五二年）一〇月一五日、その名称を保安隊と改めた。同日、保安隊の創立記念式典が明治神宮外苑陸上競技場において挙行された。吉田首相は初代保安庁長官として「内外の期待と信頼に恥じない保安隊の隊員としての決意を新たにし、一層その職務に精進されんことを切望する」と訓示した。そのあと、観閲部隊（約五〇〇〇名）が市中行進（午前と午後に各一回）を行った。

思えば、昭和一八年（一九四三年）一〇月二一日、場所も同じ神宮外苑競技場において出陣学徒壮行会が「海ゆかば」の合唱の中、降りしきる雨をついて行われた。ちょうど九年前の出来事であった。東条英機首相は「敵米英においても、諸君と同じく幾多の若き学徒が戦場に立っている。気迫においても戦闘力においても、必ずや彼等を圧倒すべきことを深く信じて疑わぬ」と檄をとばした。学生を代表して答辞を述べた江藤慎四郎（東京大学文学部二年）は入隊後、「軍人勅諭を暗唱させせられたが、寝床では『一つ軍人は政治に関与すべからず』とつぶやいていた」と述懐している。学徒戦没者数は早稲田大学が四五六一名、慶應義塾大学が二二二五名、東京大学が一六五二名などとなっている。言葉もなく、痛恨の極みである。

警察予備隊令第一条（目的）は「わが国の平和と秩序を維持し、公共の福祉を保障するのに必要な限度内で国家地方警察および自治体警察の警察力を補うため警察予備隊を設ける」と規定した。それに対し、保安庁の任務（保安庁法第四条）は「わが国の平和と秩序を維持し、人命及び財産を保護するため、特別の必要がある場合において行動する部隊を管理し、運営し、及びこれに関する事務を行い、あわせて海上における警備救難の事務を行うことを任務とする」と定めている。

保安庁法は「警察力を補う」という字句を削り、「公共の福祉を保障」（警察予備隊令第一条）という曖昧な表現から「人命、財産の保護」と目的を明確にし、さらに「治安維持」も削除して任務の幅を広げ、警察色の払拭を鮮明にしている。

そのほか、警察予備隊令になかった居住義務（第五〇条）、職務遂行義務（第五一条）、命令服従義務（第五二条）、品位義務（第五三条）、守秘義務（第五四条）および職務専念義務（第五五条）の六つの義務が明文化された。それ以外に、武器の使用（第七〇条）についても従来どおり、警察官職務執行法を準用する以外に「相当の理由があるとき、合理的に必要と判断される限度」で使用が可能になった。このように、保安隊は、警察予備隊と比較して戦闘集団としての性格が一段と強められたことが理解できる。

保安隊一一万人、海上警備隊七五九〇人（二万六九〇〇トン）の陣容は、遂に国家防衛の役割を名実ともに受持つことになった。当初、国内の破壊活動から国家を守り、平和を維持するために組織された警察予備隊も今や、警察の衣を脱ぎ捨て、鎧の全容を見せて立ち上がったの

図4　保安隊駐屯地配置図（昭和27年10月現在）

●新築完成　★新築工事中　■新築計画中　□旧施設内増築計画中
○旧施設改修完成　△旧施設改修中　☆旧施設改修計画中

第二管区隊	★名寄(北海道) ○遠軽(北海道) ○帯広(北海道) ○苗穂(北海道) ○南恵庭(北海道) ●函館(北海道) ○船岡(宮城県)	△留萌(北海道) ○美幌(北海道) ★岩見沢(北海道) ★島松(北海道) ★千歳(北海道) ●青森(青森県)	★旭川(北海道) ■釧路(北海道) ●札幌(北海道) ★北恵庭(北海道) ★幌別(北海道) ●秋田(秋田県)
第一管区隊	■福島(福島県) ○高田(新潟県) ○宇都宮(栃木県) ○土浦(茨城県) ○習志野(千葉県) ○越中島(東京都) ○久里浜(神奈川県) △浜松(静岡県)	■郡山(福島県) ○相馬ヶ原(群馬県) ■古河(茨城県) ☆霞ヶ浦(茨城県) ●豊島(東京都) ☆竹橋(東京都) ○松本(長野県) ○豊川(愛知県)	☆新発田(新潟県) ○新町(群馬県) ○勝田(茨城県) △松戸(千葉県) ●練馬(東京都) ○立川(東京都) ■富士(静岡県) ○金沢(石川県)
第三管区隊	○久居(三重県) ○舞鶴(京都府) ○信太山(大阪府) ○姫路(兵庫県) ○福山(広島県) ○善通寺(香川県)	□今津(滋賀県) ○福知山(京都府) ●伊丹(兵庫県) ○米子(鳥取県) ○海田市(広島県) ○松山(愛媛県)	○宇治(京都府) ●豊中(大阪府) ●千僧(兵庫県) ○水島(岡山県) ■出雲(島根県)
第四管区隊	○小月(山口県) ○曾根(福岡県) ○前川原(福岡県) ○熊本(熊本県) ○大村(長崎県)	■二日市(福岡県) ●福岡(福岡県) ■目達原(佐賀県) ○針尾(長崎県) ○鹿屋(鹿児島県)	■小郡(福岡県) ○久留米(福岡県) ○中津(大分県) ○竹松(長崎県) ○都城(宮崎県)

出典：『警察予備隊総隊史』

である。初代保安庁長官として、東京越中島の本部に初登庁した吉田首相（兼務）は隊員を前に「新国軍の土台たれ」と訓示した。

飯盒とカービン銃からはじまった装備品は保安隊発足時、表15および表16に示すように重装備化が見てとれ、警察予備隊の面影を見ることができない。

保安庁はすでに述べたとおり、昭和二七年（一九五二年）八月一日に発足したが、警察予備隊員の任期（二年）が残っていたため、名称変更が一〇月一五日にまでずれこんだ。その保安庁が発足する半月前、吉田首相の肝いりで旧陸海軍大佐一一名が警察予備隊に採用された。旧陸海軍の絹の衣を引きずった彼等の入隊を、吉田がなぜ許したのか、私には理屈抜きに理解できない。保安隊という新しい組織が、必ずしも彼等の経歴や能力を必要としていなかったからである。

彼等は多かれ少なかれ前大戦時、戦争遂行を指導した立場にあった。そしてソ連の対日参戦の情報を、あるいはアメリカの原爆使用の兆候を知り得る職務にあった。もし、そうだったとしたら、未然に同胞を一人でも救い得なかったのはなぜか、疑問が膨らむ。

堀丈夫元陸軍中将（二・二六事件当時の第一師団長）は「負けた戦を得意になって書いて銭を

表15　昭和27年度末火器保有概況

品　目	貸与　数量
拳　　銃	9,815
小　　銃	103,060
機　関　銃	4,621
バズーカ砲	5,375
迫　撃　砲	858
無反動　砲	30
榴　弾　砲	278

出典：『保安隊史』

もらうな！」と、養嗣子堀栄三（元大本営情報参謀）の執筆作業を厳しく叱責し、「比島決戦だけでも四七万七〇〇〇名が戦没している。その人たちは書くことも、喋ることも、訴えることもできないのだ」と諭した。まさに「箕山之節」を地で行く話である。

誤った戦争指導と稚拙な戦略に殉じて、戦場に散華していった英霊三〇〇万の無念を思うとき、彼等旧陸海軍高級幹部の採用人事は、とても納得できるものではない。

表16　昭和27年度末車両等保有概況

品　名	貸　与
トラクター 13 トン H・S M5	89
トラクター 18 トン M4	12
人員輸送車 M29C	38
装甲車、半装軌 M3A1	57
自走砲車、半装軌 M3 A1	133
自走砲車、半装軌 M16	127
特車軽 M24	234
特車 M4A3	10
特車回収車 M32	32
合　計	732

品　名	国　産	貸　与
トラック類	4,393	
救急車		1
レッカー		20
トラクター		37
オートバイ	10	
装甲車 M20		8
合　計	4,403	66
トレーラー	1,079	6,307
総　計	5,482	6,373

出典：『保安隊史』

保安隊のスタート、警察予備隊からの改編の特徴の一つとして、あえて取上げておく。

2．基幹要員の育成

GHQ・CASA（軍事顧問団）は警察予備隊員七万五〇〇〇名の募集・採用と併行して、中堅幹部要員の教育に着手した。新隊員が続々と各キャンプに集結した時、制服組のトップも未定で、これを指揮し、教育訓練を主導する幹部不在のままのスタートであった。とにかく、まずは隊員をかき集めることが先決問題であった。

CASAは、各キャンプに入隊した隊員の中から幹部としての資格、能力をもっている者を選抜して、江田島学校（旧海軍兵学校あとの米軍キャンプ）に入校させた。同校における約四〇日間の教育後、その一部をさらに越中島（東京都江東区）幹部学校で教育し、適格者が幹部として任用された。いずれにせよ、CASAによる幹部速成教育が唯一、警察予備隊創設時の基幹要員教育であった。

そこで、基幹要員教育の推移について保安大学校（のちの防衛大学校）、自衛隊生徒（のちの少年工科学校→高等工科学校）、やや趣きを異にするが調査学校（のちの小平学校）を取上げる。

（1）保安大学校（防衛大学校）

設立の経緯

吉田茂首相（昭和二四・二・一六～二七・一〇・三〇、第三次）は昭和二六年（一九五一年）五月一七日、貞明皇后（大正天皇の皇后）の葬儀の際、多摩御陵の控室において増原恵吉警察予備隊本部長官に対し、幹部養成機関の設立について検討を指示した。これが保安大学校の創設に関する最初の首相指示であった。

ここに、昭和二五年（一九五〇年）八月三〇日に発令された警察予備隊本部（内局）の主要幹部の名前を列挙する。保安大学校創設に直接、間接的に関与した人物であるからである。

＊警務局長　石井栄三（元東京警察管区本部長）
＊人事局長　加藤陽三（元国家地方警察本部総務部長）
＊経理局長　窪谷直光（元大阪国税局長）
＊警備課長兼調査課長　後藤田正晴（元東京警察管区本部刑事部長、元陸軍主計大尉）
＊人事課長　間狩信義（元国家地方警察本部防犯課長）
＊武器課長兼補給課長　麻生　茂（元国家地方警察本部装備課長）
＊経理課長　金子一平（元国税庁調査査察部調査課長）
＊教養課長　内海　倫（元京都府警経済保安部長、元海軍主計少佐）

増原本部長官から内海教養課長に吉田の「将来、警察予備隊幹部を独自に養成する機関の必要性」構想が伝えられた。それを受けた内海は後藤田正晴に相談し、約三週間をかけて議論をつくした。その結果、警察予備隊幹部養成学校の基本方針の骨子が、次の三点に絞られた。

＊旧陸軍士官学校、旧海軍兵学校のような陸海別個の士官養成機関を再現しない。
＊科学的教養、知識、思考力のある幹部を養成する。
＊定員は五〇〇名で卒業時、警察予備隊に必要な分だけの幹部候補生を採用する。

内海は後藤田の助言を加味して、「警察予備隊幹部養成学校案」を増原本部長官に提出した。増原は「同学校案」を吉田首相に進言し、首相の承認を得て新しい幹部養成機関設立の道筋をつけたのである。

内海はそれと同時に、ＧＨＱ・ＣＡＳＡ（軍事顧問団）に「同学校案」を提示したところ、ＣＡＳＡも非常に興味を示し、アメリカ本国からこの分野の専門家士官二名を日本へ呼び寄せた。その専門家たちは日本側の意見に耳を傾け、「このような夢みたいな学校は世界中にない」と言いながらも反対はしなかった。つまり、ＧＨＱ・ＣＡＳＡの承認が得られたということである。

内海の設立構想では当初、警察予備隊幹部養成学校の卒業生をすべて幹部候補生として自動的に受入れるのではなく、むしろ卒業生の相当数を一般社会へ送出すことが目論まれていた。つまり、幹部養成学校卒業生は他の一般大学の卒業生とともに選抜試験を受け、内海の構想する防衛学専門学校で必要な知識を習得させるというものであった。かっての旧陸士や旧海兵を上回る、一種の防衛学大学院のような一段とレベルの高い教育機関が構想されていたようである。この構想は実現しなかったが、保安大学校の創設から九年後の昭和三七年（一九六二年）四月に理工学研究科（大学院）、平成九年（一九九七年）四月に総合安全保障研究科（大学院）がそれぞれ防衛大学校に設置され、内海の構想が生かされている。

吉田首相は昭和二七年（一九五二年）初頭、マッカーサーのあとを引継いだリッジウエイ連合軍総司令官と会談した。そこで警察予備隊幹部養成機関の設置に関する両者の意見が一致した。吉田は同年一月一二日の閣議終了後、大橋国務相に幹部養成機関の設立を急ぐように指示している。その結果、約一か月後、「警察予備隊幹部養成学校（仮称）設立要綱」が大橋国務相によって決裁された。昭和二七年五月、警察予備隊本部（内局）内に学校設立準備室が設置され、内海をリーダーとする警保局教養課のスタッフによって設立構想の具体化作業が推進される。

内海は昭和二八年（一九五三年）四月一日、保安大学校第一期生の入学式に来賓として招かれている。保安大学校の創設に誰よりも強い思い入れがあった吉田は言うまでもないが、保安大学校の真の「生みの親」は、内海倫教養課長であったと言っても過言ではない。

社会人としての教養を身につけた幹部養成が目的

吉田首相は昭和二六年（一九五一年）五月、増原警察予備隊本部長官に「今は出来合いの幹部を入れているが、将来は独自の幹部をつくらないといけない」と述べているが、これからも吉田の念頭には早くから幹部養成機関の創設構想があったようである。

吉田は、次のように述べて当時を回想している。

「部隊幹部の養成ということは、旧陸海軍時代にも重要な問題であった。そのために特種の教育機関が幾種もあったことは、誰も知るとおりだが、その教育方針には大きな欠陥があった。そこで戦後の部隊は単に技術の面においてのみならず、民主的防衛部隊として、広く内外にわたる常識の面においても、高い教養をもつ部隊でなければならない。この問題は私にとって、当初から最も大きな関心事であった」

このように、吉田の意図するところは旧軍学校の復活ではなく、旧陸海軍の悪弊を二度と持ち込んではならないという決意のもと、立派な社会人としての教養を身につけた幹部隊員を養成することにあった。

陸海を一つにまとめた幹部養成学校を創設するという基本方針は決まったが、初代校長を誰にするかという大きな問題が残されていた。初代校長の教育思想は、新しい幹部養成学校の将来を決定づけることになるからである。吉田はそのポストを重視し、自ら人選にあたった。吉田は、かねてから慶應義塾の創始者福沢諭吉に深く傾倒していたこともあり、その愛弟子の小泉信三（元慶應義塾大学塾長）に白羽の矢をたてた。

サンフランシスコ講和条約の締結（昭和二六年九月）に際し、吉田を陰で熱心に支えたのが小泉であった。吉田の書簡の中で小泉あてのものが最も多かったそうである。吉田は一〇歳年下の小泉に全幅の信頼をおいていたのである。そして、保安大学校に福沢思想の浸透を願っていたものと思われる。

吉田首相から「慶應義塾大学の小泉信三先生に出馬を懇請せよ」という指示が出された。内海は林敬三総隊総監と二人で小泉邸を訪ねて、吉田の意向を伝えた。しかし、小泉は東宮御所参与として「皇太子の教育掛」の重責を理由に、総理の申し出を辞退した。吉田はそのことを知ると、小泉の愛弟子であった別の人物の名前をあげた。それが保安大学校の初代校長となる槇智雄（当時六〇歳、慶應義塾大学元法学部教授、仙台出身）であった。増原の特命を受けた内海は一人で槇を訪ね、一晩かけて説得し、就任の内諾を得た。正式発令日は昭和二七年（一九五二年）八月一九日であった。

吉田は保安大学校の初代校長の選定にあたり、慶應義塾大学出身者に強いこだわりを見せた。吉田は学習院大学を卒業後、無試験で東京大学へ横滑りしている。そのほか一時、慶應義塾大学にも籍をおいたことがある。また、吉田の官学嫌いと慶應義塾大学への淡い郷愁がそうさせたのかも知れない。

槇校長は昭和二七年秋、岡本功学生課長を伴って井上成美元海軍大将（海兵三七期、仙台出身）を横須賀市長井町荒崎の自宅に訪ねている。井上は昭和一七年（一九四二年）一〇月、旧海軍兵学校長に就任、その後、海軍次官を経て終戦の年の五月に昇進し、「最後の海軍大将」となった。現役時代はカミソリのような切れ者として知られ、米内光正、山本五十六両海軍大将らとともに、三国同盟に反対し、アメリカとの戦いは「王手をかけられない将棋のようなもの」と、開戦に反対を唱えた。また、海軍の伝統的大艦巨砲主義に反対して、海軍の空軍化を提唱したり、終戦一年前にはすでに和平への道を考え、その端緒をつくる等、その卓越した洞察力には定評があった。井上は海軍兵学校校長時代、「兵学校の教育は出世主義ではない」として、教育参考館に掲げられていた歴代海軍大将の額縁をすべてはずさせた。戦後は三浦半島の海に臨む高台に隠遁し、謹慎生活を送った。

ジャーナリズムに固く門を閉ざしていた井上だが、同郷（東北）の誼《よしみ》と槇が保安大学校の文官校長であるということで面会を快諾したに違いない。井上は槇の訪問の真意を受けて、虚心坦懐に自らの「海兵教育論」を要旨、次のように吐露している。

＊兵隊を作るのではなく、清らかな、ノーブル（気高い noble）なジェントルマンを育成すること（紳士教育）。

＊軍事学はコモンセンス（常識 common sense）、何よりも教養を高めることが大切である（教養向上）。

＊外国語は士官にとって複数必要であり、教養の一つである（外国語重視）。

井上は槇に対し、「文官の校長として、独自の考えを貫いてほしい」と要望している。槇はその後、折にふれて井上の助言を教育現場に反映させた。井上はそのことをあとで知り、とても感激して受けとめている。保安大学校の教育方針の中に、井上が語りかけた裂帛の熱情が今も、脈々として息づいていることは、きわめて喜ばしい。

保安大学校の教育目的は、教養に満ちた、闘志溢れる真のジェントルマンを育成することに尽きる。

開校時の競争倍率は二九倍

吉田首相の強い意向が校長人事とともに、校地選定にも反映された。結局、校舎は東京に近く、東京湾に面し、遠くに富士を眺望できる神奈川県三浦半島観音崎の小原台に決定した。しかし、その小原台も校舎建築の突貫工事が遅れ、久里浜の旧海軍工作学校を仮校舎として昭和二八年（一九五三年）四月の開校に漕ぎつけた。

入学願書の受付は、昭和二七年（一九五二年）一〇月二五日から開始され、一一月一五日に締切られた。関係者は応募状況を懸念したが、募集定員四〇〇名に対して一万一六一九名が願書を提出し、その競争率は約二九倍にも達した。

戦後間もない当時、待遇の好条件（授業料不要、衣食住保証、学生手当［二五〇〇円］支給など）もあり、また、制服は、旧海軍兵学校風に学習院の制服を加味したスマートなデザインであったことも理工系志望の若者の人気を集めたようである。服装にも旧陸軍嫌いで学習院出身の吉田の思惑が反映されて興味深い。しかし、採用予定通知発送者五〇二名に対し、辞退者一〇二名を出していることは、揺れ動く当時の若者の心情を映し出している。やや相前後するが、入学者決定までの推移をあげておく。

＊第一次入学試験（筆記）
・一一月二四日(月)〇九〇〇～一一三〇　数学（一般数学、解析Ⅰ・Ⅱ、幾何のうち二科目）
　一三〇〇～一四一五　理科（物理、化学のうち一科目）
・一一月二五日(火)〇九〇〇～一二〇〇　国語、社会、外国語（英、仏、独のうち一科目）
　一三〇〇～一三四〇　適正検査（筆記）
＊第二次試験：第一次試験合格者のみ（身体検査、面接、体力検査）
・一二月一〇日（水）～一一日（木）
＊身体検査基準
・身長一・五五m以上、胸囲七七cm以上、体重四八kg以上の者
・裸眼視力両眼とも〇・八以上（警備官希望者は一・〇以上）、弁色力完全な者
・聴力正常な者
・呼吸縮張の差　五cm以上の者
＊体力検査（器具使用）

握力、背筋力、脚力、跳躍、筋伸力

保安大学校の教育目的については、すでに述べたが将来、陸上および海上部隊の指揮官としての能力を養成することを主眼とし、同時に教養ある人格識見の陶冶、かつ一般大学理工学部卒業者と同等の学力を付与することにあった。心配された応募状況は、第一期生の募集から予想外の順調な滑り出しを見せた。学生募集経過を表17に、入学者の出身高校上位九校を表18にそれぞれ示す。

昭和二七年（一九五二年）一一月二四日、保安大学校第一期生の第一次入学試験が全国各地で一斉に行われた。私が所属する姫路第六三特科連隊でも同日、午前九時から翌日にかけて実施された。連隊で確か二〇名ほどの新高卒隊員が受験したが、全員不合格で、私もその一人であった。私にとって高校卒業後、約三年近くのブランクは受験に痛手であった。私の場合、総合得点では辛うじて合格基準点に達していたが、「物理」が最低基準点を大きく下回り、一科目でも基準点に達しないと不合格になったようである。

第三期（二九年度）の資料によれば、五科目の総合得点一六五点以上が筆記合格、総点一四五点〜一六四点の者で各科目の最低点が基準以上の場合は合格、また総点一三〇点以上で数学三五点以上の者も第一次試験の合格者となった。

合格者は現役、一浪の学生が約九〇％を占めた。橋本龍太郎元首相（昭一二・七・二九〜平一八・七・一）も保安大学校の受験に挑戦したが、一敗地に塗れた一人であった。

表17　学生募集経過
（昭和27年度～31年度）

	応募人員	採用人員	競争倍率
27年度（第１期）	11,619	400	29倍
28年度（第２期）	5,680	406	14倍
29年度（第３期）	5,784	528	11倍
30年度（第４期）	7,198	508	14倍
31年度（第５期）	6,293	546	12倍

出典：『募集十年史』

表18　入学者出身高校上位９校
（昭和27年度～31年度）

期別／高校	第１期（27）	第２期（28）	第３期（29）	第４期（30）	第５期（31）	入学者合計
熊　本	4	2	11	14	11	42
都城泉ケ丘	4	2	2	11	8	27
済々黌		4	9	4	9	26
横須賀	1	2	5	4	8	20
土浦第一		2	8	5	4	19
千葉一	6	1	1	3	5	16
小山台		1	5	4	4	14
湘　南	2	5	5		2	14
新　宿	2	3	3	3	3	14

出典：『防衛大学校十年史』

（付記）一般幹部候補生（大学卒）制度

自衛隊の中核を形成する幹部自衛官を防衛大学校出身者のみに限定することは、幹部団の考え方が一方に偏向する懸念を払拭しきれない。従って、一般大学卒業者の豊かな教養と専門的知識に期待し、自衛隊における両者の融合によって、幹部団のさらなる質的向上を目指すために一般幹部候補生制度が設けられている。

一般幹部候補生は昭和二六年度以降、定期および臨時を含めて継続的に募集されているが、部内幹部候補生採用数の一定化、防衛大学校卒業者の部隊勤務の開始に伴い、本制度による幹部候補生の採用数は減少傾向にある。また、応募者の採用時における試験結果および出身大学の成績証明書は、必ずしも資質優秀者の応募のみを示していない。昭和三二年度の筆記試験の結果によれば、文科（四〇点）、理科（六〇点）の二科目の総合平均点は四四・七点で、合格点は三七点（文科一五点、理科二二点）であり、筆記試験の不合格率は四三％であった。

自衛隊幹部の職種は、防衛大学校の教育カリキュラムが一般理工系大学に準じて組まれているように、一般理工系大学卒業者に適している。しかし、応募者の理文系比率は明らかに逆転している。昭和三一年度入隊者（陸上要員）の専攻科目を見てみると、文科系三五七名（最多は商経の一六二名）、理科系が一五〇名（最多は理学六一名）となっている。この傾向は航空要員（文系一一七名、理系九四名）についても同様である。入隊者数について、理系出身者が低下しているのは、理系出身者に採用辞退が多いためであり、一般民間企業の求人における理系出身者の歓迎が考えられる。また、採用通知数に対する入隊率は六七％と非常に低調である。

一般幹部候補生の募集推移を表19に、出身大学別入隊者上位一〇校の状況を表20に、それぞれ示す。

一般大学出身幹部と防大卒幹部両者間の融合は、自衛隊という戦闘集団組織内において重要な関心事である。幹部団の質的向上と意識の偏向を避けるために一般大学卒業者の幹部養成制度が設けられたことはすでに触れた。しかし、実際は、制度設計の目的を十分に満足させる結果を生んでいないように思われる。

一例として、指揮幕僚課程（旧陸軍大学校に相当）の受験資格の変更がある。従来、年齢制限はあったものの何度受験してもいいことになっていたが、防大卒の入隊に合わせて、その受験回数が制限されたのである。そこには、防大卒幹部に早く受験チャンスを与え、昇任させようという思惑が絡んでいたようである。そのため、一般大学出身幹部にとって不利な状況、つまり、昇任の遅れや指揮幕僚課程の受験機会が狭められた。

この辺の事情について、陸将で退官した太田隆（中央大学昭和三〇年卒、元東北方面総監）は、「自衛隊は旧軍に籍のあった先輩（陸士、海兵出身）がつくり、組織をどのようにしていくかという過程において、防大生を中心につくっていかなければならないとなった。それ故に制度的、人事的に防大生は恵まれた。一般大卒だって、ハンディを承知で入隊したわけだから、最初の経験差があったとしても、自分でカバーするしかない」と述べている。

旧軍の陸士、海兵とは趣を異にした士官養成機関として防衛大学校は創設された。しかし、四年間の寄宿生活は一種独特の連帯感を生む。当然、同期意識も一般大学卒幹部に比べて強い。

表19　一般幹部候補生募集推移（陸上要員）
（昭和26年度～30年度）

	募集人員	応募者数	入隊者数	摘　要
26年度	500	2,144	321	
27年度	350	770	180	
28年度	450	1,121	427	
29年度	635	2,647	383	２回募集
30年度	700	4,722	733	同　上

出典：『募集十年史（上）』

表20　出身大学別上位10校入隊者推移（陸上要員）
（昭和31年度～33年度）

	31年度	32年度	33年度	合　計
中央大学	62	56	42	160
日本大学	34	35	35	104
明治大学	36	39	21	96
鹿児島大学	25	24	25	74
関西大学	12	22	17	51
早稲田大学	13	17	20	50
熊本大学	13	19	15	47
法政大学	15	20	9	44
立命館大学	10	17	17	44
熊本商科大学		19	19	38

出典：『募集十年史（中）（下）』

いずれにせよ、指揮幕僚課程を突破しなければ高級幹部への道は程遠い。

因みに、防大第一期生（昭和三二年卒）の将官（陸将補）誕生は昭和五七年（一九八二年）七月で、陸上幕僚長への就任は、平成二年（一九九〇年）三月のことであった（第二一代）。

（2）自衛隊生徒（少年工科学校→高等工科学校）

設立の経緯

戦闘集団の精鋭度は、その部隊の下士官層の資質、技能によって決定づけられる。下士官の戦闘技術の習熟度、豊富な経験が部隊の牽引力であることは間違いないところである。警察予備隊（一九五〇年）から保安隊（一九五二年）、そして自衛隊（一九五四年）へと移り行く時機をほぼ同じくして、保安大学校の設立から遅れること二年、昭和三〇年（一九五五年）四月七日に自衛隊生徒第一期生が施設学校（茨城県勝田市）、通信学校（神奈川県横須賀市）、武器学校（茨城県土浦市）それぞれの各生徒教育隊に自衛官としての第一歩を踏み出した。その後、昭和三四年（一九五九年）八月、施設、通信、武器生徒教育隊を武山駐屯地（神奈川県横須賀市、元武山海兵団・機関学校跡）に集約し、生徒教育隊として前期教育の一元化が図られた。さらに昭和三八年（一九六三年）四月、少年工科学校に改編、そして平成二二年（二〇一〇年）、校名は高等工科学校と変更された。

自衛隊生徒は一名少年隊員ともいう。全般的に高度に機械化された自衛隊では高度な技術が要求され、その技能の習熟は、年少時に教育する必要がある。自衛隊生徒は、陸海空各部隊の有能な下士官として将来が大いに嘱望されている隊員である。

自衛隊生徒は昭和二九年度以降、毎年一回の募集が行われ、入校後四年で三曹に任命される。陸海空曹の登竜門として、常に一五〜三〇倍の高い競争率を示している。自衛隊生徒は、昭和三三年度から新制中学校卒業者も防衛大学校受験検定試験を受ける資格が与えられ、防衛大学校への進学者増加が期待されている。なお、自衛隊生徒の沿革史は、次のとおりである。

＊昭和三〇年（一九五五年）　自衛隊生徒制度発足、生徒一四〇名で教育開始
＊昭和三四年（一九五九年）　生徒教育隊として武山で教育開始、翌年から定員五二〇名
＊昭和三六年（一九六一年）　神奈川県立湘南高校と通信制提携
＊昭和三八年（一九六三年）　少年工科学校として編成
＊昭和五四年（一九七九年）　定員二五〇名に変更
＊平成二〇年（二〇〇八年）　通信制提携校が神奈川県立横浜修悠館高校に変更
＊平成二二年（二〇一〇年）　高等工科学校と改名、定員三二〇名

「明朗闊達」「質実剛健」「科学精神」が教育目的

昭和三八年（一九六三年）四月の少年工科学校設立時、「明朗闊達」、「質実剛健」、「科学精神」が同校で学ぶ基本姿勢の三本柱に掲げられた。このような自衛隊生徒を養成することが、

少年工科学校の教育目的そのものである。これ以上のものは何もない。日本全国高等学校の統一的教育基本方針に制定すべき内容である。

自衛隊生徒制度から発展した高等工科学校は、少年工科学校の伝統を継承しつつ、技術的な識能を有し、知徳体を兼ね備えた伸展性ある陸上自衛官としてふさわしい人材の育成を目指している。同校における三つに分かれた教育大綱は、次のとおりである。

＊一般教育：将来自衛官を目指す生徒に対し、必要な知識・教養等を習得させるため、県内の普通科高校と同等の一般教育の実施。

＊専門教育：高機能化・システム化された各種車両、通信電子機器、火器および航空機等の能力を発揮させるための専門的知識の修得。

＊防衛教育：法令等を学ぶ「服務および防衛教養」、基礎的野外行動を学ぶ「戦闘および戦技訓練」に二分して演練。

第一期生は四〇倍の狭き門

自衛隊生徒の募集は学業成績優秀であるが、経済的、家庭的理由等により上級学校への進学が困難な少年たちを広範囲に求める趣旨から、募集の広報には細心の留意が払われた。第一期生の募集ということもあり、予想外の反響を呼び、応募者は一万二〇四三名に達し、採用計画人員の約四〇倍に近い競争倍率を呈した。採用計画人員、応募資格、選抜試験等の募集状況は、次のとおりである。

＊採用計画人員　約三一〇名
・三等陸士　通信要員六〇名、武器要員六〇名、施設要員二〇名
・三等海士　通信要員一〇〇名、水測要員二〇名
・三等空士　通信要員五〇名

＊応募資格
・昭和三〇年四月一日、年齢満一五歳以上一七歳未満
・中学校卒業者または三〇年三月卒業見込みの者
・身長一五二cm以上、胸囲身長の二分の一以上。体重四三kg以上、裸眼視力〇・六以上

＊選抜試験
・昭和三〇年一月九日（日）　〇九〇〇〜一一〇〇
・課目　国語、数学、社会、英語、理科の五科目

＊第二次試験
・昭和三〇年一月二二日〜二三日
・身体検査、人物考査、適性検査（筆記）

＊採用通知　　昭和三〇年三月一五日

＊入隊　　　　昭和三〇年四月七日

表21　自衛隊生徒募集推移
（昭和29年度～昭和33年度）

	採用計画人員	応募人員	採用人員	競争倍率	入隊者（合格者）出身県上位２県（陸上要員のみ）
29年度 第１期	陸　140 海　120 空　50	12,043	316	38倍	
30年度 第２期	陸　300 海　120 空　100	9,429	492	19倍	
31年度 第３期	陸　350 海　120 空　60	13,728	528	26倍	熊本：55名 福岡：21名
32年度 第４期	陸　350 海　120 空　60	11,761	549	21倍	熊本：48名 鹿児島：45名
33年度 第５期	陸　520 海　120 空　60	13,808	541	26倍	熊本：48名 大分：44名

出典：『募集十年史（上）（中）（下）』

これらの難関を突破して入校した自衛隊生徒の中から、煌めく将星をはじめ、数多くの優秀な中堅、高級幹部が輩出されていることは注目に値する。なお、自衛隊生徒の募集推移を、表21に示す。

（３）調査学校（小平学校）

設立の経緯

本章において取上げた保安大学校（防衛大学校）、自衛隊生徒（少年工科学校→高等工科学校）との比較において調査学校は、警察予備隊基幹要員の育成という点で、その趣をやや異にする。しかし、同校は警察予備隊のみならず、わが国で唯一、語学を含む軍事情報分野を取扱う教育機関であり、国防組織の充実において欠かすことのできない学校である。「情報」という最も大切な分野における要員教育が、組織にとってきわめて重要な意味をもつからである。

警察予備隊創設時、ＧＨＱとの交渉、調整などから英語が先行して重視されたが、調査学校は、それ以外の語学教育を行う異色の教育機関でもある。旧日本陸軍の情報・語学軽視の悪弊に強い反省を込め、警察予備隊の基幹要員の育成の中で同校をあえて取上げた理由である。

調査学校は小規模ながらも、アメリカ国防総省直轄の「国防語学学校」（DLI：Defense Language Institute）の機能を果たしている。ＤＬＩは現在、カルフォルニア州モントレーの小高い丘の中腹に赤レンガの校舎が並ぶキャンパスをもち、学生（軍人）総数二五〇〇名、教官陣七五〇名を擁し、二四か国語を教えている。DLIにおける現在の学習主流は、アメリカの国益を左右する可能性のある国・地域の言語、つまり中国語、アラビア語、ペルシャ語などである。学生の大半は無線傍受要員や捕虜尋問官などで、実践教育が行われている。その意味において、調査学校の語学教育はとても大きな意味をもつ。しかし、この教育規模だけを比較しても、日米の語学に対する取組み方に余りにも大きな隔たりを痛感する。

警察予備隊総隊学校は昭和二六年（一九五一年）五月、神奈川県久里浜に設置され、翌年一月七日開講を目途に、次のような教育課程の実施が準備された。

＊第一部　初級幹部教育
＊第二部　中堅幹部教育
＊第三部　通信教育
＊第四部　衛生教育
＊第五部　人事、調査、会計、業務監理、保安、補給教育

総隊学校第五部は調査教育班として昭和二七年（一九五二年）一月七日、第一期教育を開始した。これが調査学校の揺籃期であり、その教育方針は「総隊総監部、管区総監部、部隊本部および各キャンプ本部等における有能な情報幕僚および士補を養成するための現任教育および要員教育を目的とする」というものであった。その教育内容（課目および配当時間）は、次のと

りであった。

＊調査係幹部の一般任務および特別任務　一二時間
＊情報循環　三三時間
＊秘密保全隊則　二時間
＊教育法　五時間
＊予備　八時間
合計　六〇時間

第二期以降は上記の課目のほかに、現地研究演習八時間を加えるとともに、調査係幹部としての現任務遂行に必要な事項を教育の重点とし、戦闘間の幕僚行動については説明程度とされた。

総隊総監部訓練部（昭和二七年八月一日以降、第三部と改称）は昭和二七年（一九五二年）初頭以降、保安庁の発足（昭和二七年八月一日）をにらみ、各種教育機関の「学校恒久配置計画」を積極的に推し進めた。それによれば、総隊学校第五部は昭和二八年三月、業務学校として久里浜から東京への移転が予定されていた。しかし、実際には、総隊学校は保安庁の発足とともに閉鎖され、同校第五部は業務学校第一部と第二部に分かれて開設された。そして業務学校第二部は昭和二九年（一九五四年）三月三一日、東京北多摩の小平駐屯地へ移転し同年九月一〇日、調査学校として独立したのである。

調査学校は昭和三一年（一九五六年）四月二〇日、越中島駐屯地へ移るが、約四年後の昭和三五年（一九六〇年）一月六日、再び小平駐屯地へ舞い戻った。そして、調査学校は約四〇年後の平成一三年（二〇〇一年）三月二七日、業務学校と合併して現在の小平学校に至っている。

因みに、同校の組織は、次のとおりである。

＊企画室
＊総務部
＊情報教育部（元調査学校の所管）
＊語学教育部（同右）
＊人事教育部（元業務学校の所管）
＊システム教育部（新設）
＊警務教育部（元業務学校の所管）
＊会計教育部（同右）

語学・情報を扱う基幹要員の育成が目的

調査学校の教育目的は、防衛および警備のために必要な情報・語学に関する業務等に求められる知識および技能を修得させ、それと同時に情報関係部隊の運用等に関する調査研究を行うことにある。

調査学校の教育内容は、次のような幹部および陸曹課程をおいて教育の充実を図っている。

＊情報関係

情報、航空写真判読、対情報基礎及び同高等、地誌、通信調査、戦略および作戦情報、対心理情報

＊語学関係

留学および渉外英語（三か月～六か月）、ロシア語、中国語、朝鮮語（一年間）

調査学校における教育の主眼は、情報および語学のエキスパートを養成することに尽きる。なお、警察予備隊語学教育の嚆矢となった千葉県習志野の特科学校別科（留学英語）は昭和二八年（一九五三年）一一月、神奈川県久里浜の通信学校へ移管されたが、昭和三一年（一九五六年）四月、調査学校に包摂され、英語課程として今も、六〇年有余の伝統を引き継いでいる。

私が調査学校において履修した課程（期間）は、次のとおりである。

＊第四期渉外英語課程（昭和二八年度、約二か月［特科学校別科］）

＊第三期調査課程（昭和二九年度、約三か月）

入校途次、「洞爺丸」海難事故（昭和二九年九月二六日）を免れるも、畏友・瀬崎亀吉氏を失う。

＊第一期ロシア語課程（昭和三三年度、約一か年）

ロシア語課程一期生としての私の情報勤務

昭和三一年（一九五六年）一月、調査学校に幹部露華鮮語課程（一年間）が開設され、その二年後の一月、陸曹露華鮮語課程（一年間）が併設された。先に述べた渉外英語課程とともに、陸上自衛隊における語学教育の基盤が不十分ながらも整えられた。

私は警察予備隊に奉職以来、岐阜各務原の約三か月間を除き、米軍顧問団に対する渉外業務、米軍教範類の翻訳作業、対情報業務など一般戦闘職種とは異なる職務に携わってきた。従って、この種、情報関係の業務継続が自分にとって最も適しているものと判断して、組織内における累進とは縁遠い道を選択し、ロシア語の修得を目標に掲げた。それは、ソ連情報に従事する勤務を予定するものであったし、自衛隊において進むべき岐路でもあった。そして、希望通り、ロシア語課程の第一期生に選抜された。

昭和三三年（一九五八年）一月、私は調査学校（東京都江東区越中島）に入校した。数百名の入校希望者の中から選抜された一四名（一等陸曹一名、二等陸曹三名、二等空曹一名、三等陸曹八名、三等海曹一名）が、全国各駐屯地から一堂に会した。学生一四名の大半が大学・短大卒業者であり、いずれも二八歳以下の青年自衛官であった。教官陣は東京外国語大学ロシア語学科卒で、満鉄調査部に勤務経験のある四人に、白系ロシア人の女性教官（上智大学講師）一人を加えた錚々たる顔ぶれであった。

校舎は、私が六年前に一時勤務した警察予備隊創設当時の総隊総監部の跡地で、元々は東京水産大学のキャンパスであった。従って、校舎の佇まいは表玄関、階段、廊下から大講堂、各教室に至るまでアカデミックな雰囲気を漂わせていた。一方、各居室は教室に近く、あたかもバス、トイレ、三食付きの学生寮に入ったような、快適な学習環境が提供された。そして教材は言うに及ばず、辞書、参考図書（文法書）までもが無料で貸与された。

その上、給与・賞与は、通常どおり支給されるという国の給費学生であった。語学に没頭しながら、母への送金を続けることは、極めて容易なことであった。授業開始に際し、入校前に初歩のロシア語文法を一通り学習して理解していたため、、何の抵抗もなしに対応することが出来た。私にとって、毎日の授業は復習の機会であり、常に授業に一歩先行してロシア語学習を進めることができた。

濃密に組まれたカリキュラム（文法、読解、会話）の中に、体育の時間が設けられており、ソフトボール、バレーボールなどの球技に汗をかいた。ロシア語グループは、中国語および朝鮮語の学生チームとの対抗試合において常に相手を圧倒して溜飲を下げていた。また、クラス全員一四名でロシア民謡合唱団を編成して、学校の記念行事などで発表し、しばしば喝采を浴びた。厳しい勉学の合間の楽しかった思い出として残っている。

ロシア語教室は、一年を通して不夜城と呼ばれた。夕食後から深夜までの組と夕食後に睡眠をとって、深夜から翌朝までの二つのグループに分かれて学習が続けられた。一四名の学生全員は、来る日も来る日もよく勉強したが、私は常にクラスにおける学習の牽引者として人一倍の努力を傾注した。この一年間の集中的勉学によって、私のロシア語は大きく伸びた。この時の学習体験とロシア語が、定年後の北海道大学大学院における研究の、大切なツール（手段）の一つになろうとは、この時は未だ知る由もなかった。私の前半生において、これほど充実した、幸せな実り多き一年は、ほかに見当たらない。

私は調査学校において修得したロシア語を駆使して、その後、平成四年（一九九二年）三月、防衛庁を定年退職するまでの約三三年間、各種の情報勤務に従事し、自衛隊情報勤務の基幹要員の一人であったことを自負している。中でも、ロシア語課程を修了したあと、北部方面総監部第二部において約一二年間、極東ソ連における局地ラジオ放送の受信・翻訳業務に携わることができたのは、調査学校でのロシア語教育の賜物であった。

そのあと私は、昭和四五年（一九七〇年）八月、東京檜町・中央資料隊に転勤になり「ＯＳＩＮＴ」（Open Source Intelligence）と呼ばれる文書情報（ソ連軍事情報）業務に従事した。警察予備隊創設間もないころ、総隊総監部訓練部教材・翻訳班において米軍の教範翻訳に携わってから約二〇年が経過し、二度目の東京勤務になった。

この在京三年間の翻訳業務は、私にとって大変貴重な、そして大変意義のある時間の積み重ねであった。この期間の知識吸収が、予想しえない、その後の私の人生において、力強い大きな戦力（ロシア語）になってくれた。

三年間の東京勤務を終え昭和四八年（一九七三年）八月、陸上幕僚監部第二部別室勤務を命じられ、東千歳通信所に配置された。一二年間におよぶ極東ソ連局地ラジオ放送の受信・翻訳業務、そして三年間のソ連軍に関する文書情報勤務を経て、「ＳＩＧＩＮＴ」（Signal Intelligence）といわれる科学情報分野に足を踏み入れたのである。

東千歳通信所では約一五年前、越中島調査学校において履修したロシア語を駆使して、各種の「ＣＯＭＩＮＴ」（Communications Intelligence）と呼ばれる通信情報の収集・分析に従事することができた。特に、昭和五八年（一九八三年）九月一日未明に発生した「大韓航空機００７便」撃墜事件では、情報当直幹部として直接関与し、今なお痛恨事として胸に疼く。

日露戦争（一九〇四年二月）当時、生涯を情報業務にささげた満州軍総司令部福島安正情報参謀（のち陸軍大将）は、「一〇年くらいで、何ができるか」と言って情報の難しさを指摘している。私はロシア語学習から約三三年間、垂直補職的に情報畑を歩み続けたが、一人前の情報従事者だったとはとても言い難い。

ここで、情報勤務と語学（ロシア語）との関係について若干、触れておきたい。

国内外情報を問わず、情報勤務と語学の関係は不可欠、不可分なものである。対象国の情報収集活動において、その対象国の言葉の理解なしには一歩も前へ進まない。一時、北部方面隊では総監の指示の下、ロシア語教育が推進されたことがある。しかし、日米共同演習が頻繁に実施されるようになると、英語がそれにとって代わる。何時また、中国語に代わるかもしれない。すべてが付け焼刃的なものばかりである。

情報資料の収集努力（指向）、収集（活動）、処理（評価）、使用（判定）のどの分野を取り上げても、すでに述べたように対象国の言語を無視した作業などありえない。とりわけ、文書情報、ボイス通信資料、漂流着物資料などに関する収集活動においては、尚のことである。従って、調査学校の語学教育は、防衛大学校を含めて一般大学における第二外国語の単位取得目的的な学習では、とても戦技として役に立たない。

情報活動に平時も戦時もない。そして、平時こそ肝要であり、予想される複雑な様相に対して万全の備えが必要である。その意味において、平素の情報活動の中で、対象外国語の位置づけを真剣に考慮しておくことが大切である。

情報勤務者にとって、語学は必須条件であり、そして、限界のない対象でもある。それは、戦闘職種部隊の戦闘技量に匹敵する戦技であり、反覆演練あるのみである。いかにして、ボキャブラリー（語彙、vocabulary）を拡大するかということが大切である。知らない単語を幾度聴取しても理解できないからである。例えば、ラジオ放送で「メチェーリ」（露・吹雪）は「チエーリ」にしか、どうしても聴き取れない。つまり、「メ」は聞こえない。従って、辞書を片時も離さずに単語を覚えるしか、語学上達の道はないのである。卓越した語学能力のみが、情報収集活動における勝敗の鍵を握っている。

今から約三八年前、北海道の空の南玄関・函館空港においてソ連戦闘機「ミグ25」亡命事件（ベレンコ中尉）が発生した。その詳細については、小著『情報戦争の教訓』（芙蓉書房出版、二〇一二年）の中で述べたので割愛する。今後も発生が予想される隣接諸外国軍人等の亡命時、捕虜に近い彼等に対する取調べ、つまり尋問・聴取などに対する防衛省としての対策があるのか、どうかきわめて疑わしい。

仮に、ベレンコに対する尋問が可能であった場合、現地に緊急派遣された私一人では対処できなかったと思う。つまり、尋問班の臨時編成が必要であった。語学（ロシア語、英語）に精通し、極東ソ連軍（とくに、地上軍、海軍、空軍）の組成および極東地誌（地名）に詳しいことが、尋問者側に求められる能力である。これらの条件は、一朝一夕に体得できる性質のものではない。平素から尋問要員を養成して、遊ばせておく必要がある。かって、調査学校には「捕虜尋問課程」があったが、いつの間にか姿を消している。情報関係の教範類（「情報」、「勢力組成情報」など）も、いつからか見当たらないようである。平時がまさに戦時である情報収集活動には、泥縄式で間に合う分野など、一つも存在しない。ベレンコ事件も、そのことを如実に物語っているのである。

情報語学の必要性は、すでに触れたが、その修得は極めて困難である。対象外国語の体得は、国外情報の収集活動における決定的な要諦の一つである。言うまでもなく、語学修得は「話す」、「聞く」、「読む」の三要素から成り、どれ一つが欠けても、情報収集活動にとっては致命傷になる。それに加えて、軍事用語の理解は、医学、科学用語などと同様に容易ではない。ベレンコのような現役空軍将校の尋問に民間通訳はなじまない。従って、このような亡命者に対する尋問専門機関を編成し、要員を養成して非常事態に即応できるように平素から準備をしておくことが肝要である。

このように、調査学校のもつ教育課程、とりわけ、語学教育は自衛隊の他の戦闘職種課程のどこよりも大切であり、重要である。過去の大戦から現在に至るまで、日本は情報戦争においてことごとく常に遅れをとっているからである。

終章

❖再軍備の行方

集団的自衛権に牽強付会の議論はいらない

警察予備隊は昭和二五年（一九五〇年）七月、連合軍総司令官マッカーサーの鶴の一声で創設された。それが、朝鮮戦争の硝煙の中から生まれた落し子であり、日本再軍備の第一歩になってしまったことは、すでに述べてきたとおりである。昭和二八年（一九五三年）一一月、ニクソン米国副大統領が来日した際、「アメリカが一九四六年に日本を無防備化したことは間違いであった」と述べているが、マッカーサーがなお、東京において君臨していたら、そのような発言はとても無理であったろう。マッカーサーは戦後日本の絶対君主として、日本国憲法を制定した張本人であったからである。

そして、朝鮮半島において砲声が轟くまで、マッカーサー自身も、GHQの幕僚たちの誰一人も、日本国憲法第九条が戦争、戦力、軍隊を禁じていることを少しでも疑うような発言を一切しなかったし、日本側の誰もが、その事に反論を唱えるものはいなかった。その意味で、警察予備隊の発展経緯で取上げたロイヤル米陸軍長官の慧眼は、特筆に値する。

マッカーサーは日本に対し、永久に再軍備を許さないよう新憲法を押し付けた以上、日本政府がその憲法を犯すことなく、GHQの要求（警察予備隊の創設）を実行できるよう保証する義務を負っていたはずである。しかし、マッカーサーは、憲法第九条が日本の健全な再軍備の阻害要因になることを十分承知しながら、憲法の一部改正を放置するという不作為を犯した。マッカーサーが三流の、やはり軍人行政官であったことは間違いのないところであろう。

翻って、明治三五年（一九〇二年）一月三〇日に調印された日英同盟は、ロシアの極東進出に対抗する日英間の対露攻守同盟であった。この同盟に基づく日英陸海軍代表者会議が調印から約六か月後、ロンドンにおいて開催されている。日本側代表は満州における英国地上部隊の増援を強く要請したが、英国側の諸事情から困難になった。しかし、日本側にとって、英国側からの対露戦略情報の入手と、それによって、インド方面におけるロシア陸軍の動静把握が容易になり、また英国地上部隊による対露牽制も我に有利に作用した。このように日英軍事同盟が日本陸海軍にとって、対ロシア決戦に踏み切る最大のバックボーンになったことだけは確かである。この日英軍事協商成立からちょうど一年後、日本陸海軍はロシアとの戦端を開いたのである。

当時の日英軍事協商も、現在の日米安全保障条約も、ともに軍事同盟であることに変わりはない。同盟国の一方が戦争に突入した場合、他の同盟国が、これに全面的に協力することには論を俟たない。わが国憲法第九条は個別的自衛権を認めているが、集団的自衛権を容認していないとする解釈自体にもともと無理があるように思われる。

先に取り上げた芦田均元首相は憲法第九条をそのままにしておいても、日本再軍備の可能性を容認しうる態度を表明して、次のように述べた上で、憲法改正の必要性を強調した。

「憲法第九条は戦力、軍隊の保持、武力の行使またはその脅迫を禁じているが、これを厳密に言えば『国際紛争解決の手段として』は禁ずるという意味である。これを平たくいえば、侵略戦争を指している。従って、憲法は、自衛のための戦争や武力行使まで否定してはいない。同じように侵略を懲罰する戦争は第九条の範囲外である」


憲法施行以来七〇年近く、わが国では安全保障問題に関する不毛の議論ばかりが目立つようである。憲法第九条の文章は制定事情がどうであれ、小学生がそれを読んだとき、日本がいかなる場合にも戦争と武力行使を放棄し、戦力をもたないものと思っても当然であろう。いやしくも独立国家が自らの国を守る手段を永久に捨てるという憲法を、敗戦国日本に押付けたマッカーサーをお粗末な軍人行政官と呼んだ所以である。憲法は誰にでも分かりやすい表現で、容易に理解できる単純明快な内容でなければならない。一国の存立にかかわる基本的な重要事項の一つである安全保障問題について、漠然とした多様な解釈の余地を残してはならないと思う。

そもそも、国の安全保障について個別的なものは認めるが、集団的（軍事同盟的）な国防権は、これを認めないという解釈、つまり集団的自衛権はあるが、その行使を許さないという論理には矛盾があるように思われる。日本海でアメリカ海軍艦艇が他国から攻撃された場合、日本側が傍観しているようでは、軍事同盟の意味がない。同盟国が支援を要するとき、他の同盟国の断固たる共同行動こそが、真の同盟国かどうかの試金石になろう。友が路上で暴漢に襲われている時、たとえ棒切れででも、その暴漢に立ち向う勇気こそが親友の心意気ではなかろうか。線路上に落ちた婦女子や老人をわが身を捨てて、その危険に手を差伸べる行為こそが真の勇気ではないのだろうか。それに似て、集団的自衛権についても牽強付会の議論を避け、一本筋道を通すべきであろう。

戦後約七〇年間、わが国は外国に銃口を向けていない。日本とアメリカの軍事同盟が抑止力を確固たるものにし、適切な安全保障政策を推進してきたからに他ならない。集団的自衛権の行使容認はその延長線上にあり、一部の厄介な国々を除いて国際社会からも歓迎されている。それは看過し得ない重い事実である。

最も大切なことは唯一つ、「わが国民、領域を守るために、何が必要か」ということである。わが国は、東アジアにおける深く根ざした緊張がいつ爆発してもおかしくない危険な状況の中におかれている。隣接三国は悩ましい国ばかりである。今や、一国では平和を守れない。日本だけで日本を守ることは極めて困難である。

わが国は集団的自衛権を全面的に認め、対米連携（日米同盟）を深める以外に道はないものと考えられる。つまり、最も緊密な軍事同盟国である米国との安全保障協力を強化する以外にわが国の生き残る道はないのである。日本政府は自国の憲法を蹂躙したため、憲法問題で悩まされ続けることになり、自国の防衛組織は膨張してきたが、憲法によって片輪同然に制約され、その合憲性、合法性までもが今も曖昧模糊としたまま取残されている。それが、今日の集団的自衛権の解釈問題にまで尾を引きずっているのである。

核武装への道を進むべきではない

国連安全保障理事会の常任理事国五か国（米、英、仏、露、中）のほか、インド、パキスタン、イスラエル、北朝鮮、イランなどが核兵器国として取沙汰されている。その中の三か国、つまり、ロシア、中国、北朝鮮がわが国の隣接国である。

ロシアは三一年前、樺太上空において民間大型航空機「大韓航空機007便」を空対空ミサイルで打ち落とした。ロシアはその暴挙を忘れて再び、ウクライナ上空で「マレーシア航空機ボーイング777機」に対するミサイル攻撃に加担した疑いがもたれている。中国は過去一〇年間で国防費を約四倍も増加させ、周辺海空域において活発な軍事的挑発を展開している。北朝鮮といえば、貧弱な資金で通常戦力の劣勢を核兵器でカバーすることに執念を燃やし続けている。そして、日本の隣接三か国は、すべてが一党独裁か、それに近い軍事最優先国家である。平時においては、核の使用を自制的に限定した計画をたてることができよう。しかし、それらの国の独裁者、軍人どもが戦時、またはそれに近い緊張状態、情勢の劣勢時において暴走（核の使用）しないとは限らない。

もし、米露中の核戦力の均衡が少しでも崩れた場合、彼等が核兵器を使用しないという確証はどこにもない。それでは、「日本の国防は核武装をしなくても、大丈夫か」――大丈夫なわけがない。核抑止に関する部分的核実験禁止条約（一九六三年八月）、包括的核実験禁止条約（一九九六年九月）などの多数国間条約をはじめ米露二国間条約と言った多くの国際条約が署名されているが、いずれも余りあてにならない。従って、わが国としては、日米軍事同盟を堅持し、わが国への予測不可能な核攻撃に対してアメリカのもつ絶大な核戦力（核報復力）に依存する以外に方法がない。

序章冒頭において述べたように、アメリカは前大戦末期、広島および長崎両市に原子爆弾を投下し、一瞬にして非戦闘員二〇万余人を虐殺した。パールハーバー（真珠湾）の、まさに報復攻撃であった。しかし、開戦時におけるわが聯合艦隊空母機動部隊の攻撃目標は、ハワイ真珠湾における米海軍戦闘艦艇、軍事基地に限られていた。アメリカの原爆使用はたとえ交戦中とはいえ、婦女子、子供を含む非戦闘員を目標にした、絶対に許すことのできない暴挙であり、忘れてはならない民族の悲憤である。

アメリカは史上、核兵器を人類に使用した最初の国として、使用された日本に対する人道的・道義的責任を未来永劫にもつべきであろう。それが、わが原爆犠牲者に対する唯一の贖罪になるからである。

世界の核兵器の九〇％を占めるといわれる米露の核軍縮が先決問題であることは言うまでもない。しかし、隣国中国（世界第二位の軍事費）の核が無気味な存在として東アジアにどす黒い影を落としている。米露の保有する核兵器は、広島原爆の一三〇万発に相当し、その中には、同原爆の約一二〇〇倍の威力を超えるものまで存在すると言われている。それは地球総人口七〇億人を数十回も絶滅させるだけの悪魔的破壊力をもつ。

わが国のもつ世界トップクラスの科学技術力をもってすれば、大陸間弾道弾を含む核兵器の開発はきわめて容易である。わが国は明日にでも核保有国に変貌する実力を有している。日本は核兵器を生産しうる経済的基盤と技術的知識をもっている。長期間の高価な実験をしなくとも、明日にでも核兵器の開発に着手が可能である。核所有国が核の保有を正当化するために主張していることが国際社会において許容されるのであれば、同じ理論がわが国にも通用しない道理はない。しかし、核は限りなく「悪」であり、底知れぬ「害」であり、人類の恐るべき「敵」である。わが国は絶対に核武装の道へ進むべきではない。

在来型兵器が今日、効用のにぶい必要品にすぎず、一国の安全保障および国際戦略に及ぼす影響は、最終的に核戦力とその抑止力によってのみ効果を生む。しかし、核戦力の危うい均衡によってのみ国家の安全保障が担保されるという考え方は、いたずらに戦略核兵器の保有拡大を助長するだけである。すべての核兵器は、平和を希求する地球上のすべての人間にとって有毒物以外の何ものでもない。

わが国に対する核攻撃に対して、アメリカが断固として、それに倍する報復核攻撃を確約してくれる場合、わが国もアメリカに対して同盟強化、相互協力の義務を負うのは当然である。「そのために、何ができるのか」—手段、方法は多岐にわたるが、特に、わが国の宇宙科学分野における先進的成果の共有（提供）が考えられる。

ＪＡＸＡ（宇宙航空研究開発機構）の小惑星探査機「はやぶさ」は平成二二年（二〇一〇年）六月一三日、七年間（六〇億㎞）の宇宙の旅を終えて無事、地球に帰還した。奇跡に近い生還であった。「はやぶさ」は平成一七年（二〇〇五年）一一月、小惑星「イトカワ」に到着後、多くの障害を克服してミッション（任務）を成功させ、同惑星の「かけら」を地球にもち帰った。それは世界初の偉業であった。それらの情報も、アメリカに提供しうる宇宙開発の成果の一つであろう。

「初代はやぶさ」の兄弟機「はやぶさ2」が平成二六年（二〇一四年）一二月、鹿児島県種子島宇宙センターからＨ２Ａロケットで打上げられる。地球と火星の間を回る小惑星で岩石や砂を採取し約六年後、地球に帰還するという壮大な計画である。その目的は、太陽系の誕生と進化の歴史を解明するためである。一頭地を抜くわが国宇宙科学技術が日米同盟のさらなる強化の一助につながることを確信したい。そして期間六年、飛行距離五二億㎞に及ぶ「はやぶさ2」の無事地球への生還を信じて疑わない。わが国は核武装にかえて、宇宙空間の果てしない謎の解明に挑戦を続けるべきであろう。

その一方で、わが国の安全保障をより確実なものにするための自助努力として、ミサイル防衛システムの構築を推進しなければならない。わが国政府は平成一一年（一九九九年）、アメリカとの共同技術研究を開始し、平成一五年（二〇〇三年）一二月に弾道ミサイル防衛（ＢＭＤ：Ballistic Missile Defense）の導入を閣議決定した。この防衛構想は、宇宙や大気圏を舞台に日米が一体となって海上・陸上の複数のセンサーや迎撃装置を連動させ、敵の攻撃に対処する巨大なシステムである。このシステムの総予算は、先述の小惑星探査機「はやぶさ2」の総事業費約二九〇億円の三〇倍超におよぶ。

周知の如く、北朝鮮は平成二四年（二〇一二年）四月、長距離弾道ミサイルとみられる機体の発射を強行した。同ミサイルは発射直後に爆発分解し、発射は失敗に終わった。しかし、それは、わが国の防衛にとって大きな脅威であったし、今後もその危険は継続されるに違いない。日本は、ＢＭＤ構想の早期実現に向け、アメリカと歩調を合わせて取組む覚悟が必要である。核の危険からわが国民の生命を、わが領域を守る代償として一兆円を超える予算投入は、決して高くはない。

さらに、核武装にかえて、わが国海空戦力の一層の充実が求められる。そのためには、高性能無人潜水艦による戦闘艦隊の強化と超先端技術で装備された無人迎撃戦闘機による航空部隊の充実が必要不可欠である。

先に保安大学校の中で触れた、井上成美（元海軍兵学校長、海軍大将）は、日本の核武装問題について、次のように述べている。

「核武装はやはり『悪』である。人類が滅びることになる。私は未だよく研究していないが、核の被害を蒙った日本は、核廃止の国際会議で主導権を握ることである。私は賛成しないが、国が滅びるか、滅びないかということになれば、考える必要があるかも知れない。核の研究は、しておくべきであろう」

そのとおりであろうと思う。井上の言う「核」の研究が、それを叩き潰す、更なる究極兵器の研究・開発までも考えていたのか、どうかは残念ながら知る由もない。

人類史上、核兵器（原爆）のもつ恐ろしい破壊力を体験したのは唯一、悲しいかな日本人のみである。塗炭の苦しみをなめた広島、長崎両市民二〇万余人の悲痛な無念を、決して無駄にしてはならない。

擱筆にあたり、核兵器が二度と再び、この地球上において使用されることのない、「核なき世界」の実現とその一日も早い到来を切に願って、むすびにかえる次第である。

おわりに

昭和二五年（一九五〇年）八月下旬から一〇月上旬にかけて、自衛隊の前身である警察予備隊員の募集採用が全国において行われた。全六個警察管区全体で七万四五八〇名が入隊し、そのうちの約三％にあたる年齢一八歳の若年隊員は約二五〇〇名（三重県出身者約五〇名）であった。それらの少年隊員たちも、すでに傘寿をはるかに超えた。私もその一人である。懐かしい顔、そして姿が目に浮かぶ。すこやかであってほしいと心から願う。

警察予備隊創設当時の模様に、自らの四二年間の勤務を重ねて紹介に努めたが、当初の執筆構想から大きく逸脱したきらいを否めない。しかし今、わが国の再軍備の行方を憂う者の一人として、再軍備のきっかけとなった六五年前の警察予備隊の創設史を振り返ることは、あながち無意味な作業ではなく、それなりの意味を持つように思われる。

警察予備隊創設の、そのときからの四二年にわたる防衛庁勤務の年月、私の我が儘をいつも暖かい眼差しで見守り、ご指導を戴いた多くの良き先輩上司、常に励ましあった同僚、そして誠実にして素直な後輩隊員たちの支えがあったればこそ、私に課せられた情報勤務の職責を、不十分ながらも全うすることができたように今、しみじみと思う。一人ひとりのお名前をあげて、お礼の言葉を申し上げられないことが残念でならない。この場をお借りして、深甚の謝意をお伝えしたい。

とりわけ、制服幹部自衛官として最終の勤務場所となった陸上幕僚監部調査部調査第二課調査別室東千歳通信所における体験は生涯、忘れることができない。昭和五八年（一九八三年）九月一日（木）の「大韓航空機００７便」撃墜事件には格別の思いがある。この事件当夜の情報当直幹部が私であったからである。その詳細については、小著『情報戦争の教訓』（芙蓉書房出版、二〇一二年）の中に書き残した。それは、ソ連の迎撃戦闘機がサハリン（樺太）上空において大型民間航空機を戦闘用ミサイルで撃墜するという前代未聞の衝撃的事件であった。同胞二八名を含む乗員・乗客二六九人がその犠牲になった。到底、許し難いソ連の悪逆無道な暴挙であり、その後のソ連の当該事件への対応には、人道的誠意のひとかけらも見られない。

その事件から三〇年、私が最も恐れていたことが再発した。去る平成二六年（二〇一四年）七月一七日（木）、マレーシア航空アムステルダム発クアラルンプール行きの旅客機「ボーイング７７７」が、ウクライナ東部ドネツク州上空において地対空ミサイルによって撃墜された。これもまたロシア系武装集団による仕業の公算が大きい。乗員・乗客二九八名全員の死亡が確認された。そして今回もまた、ウクライナ政府と親ロシア派武装勢力の双方が食いちがう主張を繰り返し、自らの「非」を認めようとはしていない。祈るような気持でこの種事件の再発防止を訴え続けてきたが、その願いは無残にも打ち砕かれ、悲憤慷慨に耐えない。この事件も「大韓航空機００７便」撃墜事件と同様、うやむやのうちに闇の中に放り込まれるに違いない。そして、忘れかけた頃に同じような事件がまた繰り返されるのである。

なお、「大韓航空機００７便」撃墜事件については、日本人ご遺族の無念とその悲劇の教訓を次世代に語り次ぐ作業に向き合っている大学がある。それは、中央大学総合政策学部・松野良一教授の「ＦＬＰジャーナリズム・プログラム」ゼミである。松野総合政策学部長には私も平素、公私にわたる温かいお見守りとご指導を頂戴し、今回の執筆についてもご助言とご指導を戴いた。記して満腔の感謝を捧げたい。

今年早春、かねてからの念願であった鹿児島県南九州市に「知覧特攻平和会館」を訪ね、ご英霊の前にひざまずくことができて、心残りが一つ消えた。胸に迫る思いであった。知覧基地を飛び立った特攻機は、開聞岳上空で両翼を左右に振りながら、故国に永遠の別れを告げ、南海の空はるか、祖国の幸せを一途に信じて散っていった先輩たちにただ、涙がこぼれ落ちた。あわせて、九州南方の海原に散った亡き母の兄の御霊に手をあわせた。

その足で、自衛隊生徒出身の畏敬のわが親友を霧島に訪ね、温かい歓待をうけた。彼との旧交を温めることができたのは望外の喜びであった。

冒頭に述べたように、私は防衛庁を定年退官後、北海道大学に晩学の道を与えて戴いた。感謝しきれない気持である。恩師中村研一先生、遠藤乾先生（国際政治）には今も変わらぬご指導を賜り、申し上げる言葉もない。弟妹の、そして亡き母が誰よりも心にかけた従兄弟たち（戦死した、母の兄の遺児）のすこやかを祈りつつ、残り少なくなってきた人生の店仕舞を心静かに急ぎたい今日このごろの心境である。

小著の執筆に際し、防衛研究所戦史研究センター元主任研究官原剛先生および同戦史研究センター防衛教官花田智之先生、ならびに葛原和三靖国神社偕行文庫室長から多大のご指導とご助言を賜り、ただただ感謝の気持ちで一杯である。また自衛隊北部方面総監部人事部募集課および北海道大学附属図書館山本裕子氏には、資料閲覧で大変お世話になり、心からお礼を申し上げる。本書の上梓にあたり今回もまた、芙蓉書房出版の平澤公裕社長から多くのご指導と深いご理解を戴いた。ここに、変わらぬご厚情に対して心からお礼を申し上げる次第である。

最後に、この小著を殉職自衛官一八〇〇人のご霊前に捧げたい。

二〇一四年　初冬

佐藤　守男

関係略年表

昭和二〇年（一九四五年）八月～昭和二九年（一九五四年）七月

年月日	主要事象
昭和二〇年（一九四五年）	
八月　六日	米、廣島に原子爆弾投下、約一四万人被爆死
九日	米、長崎に原子爆弾投下、約七万人被爆死
一〇日	日本政府、ポツダム宣言受諾
一五日	日米両国政府、太平洋戦争終結宣言（終戦）
三〇日	マッカーサー元帥、厚木飛行場に到着
九月　二日	「ミズリー」号で降伏文書調印
一七日	GHQ、第一生命ビルに開設
一二月　一日	陸海軍省廃止、第一・第二復員省設置
昭和二一年（一九四六年）	
五月二二日	第一次吉田内閣成立
一一月　三日	新憲法公布

昭和二二年（一九四七年）

五月　三日	日本国憲法施行（第九条　再軍備禁止）
一二月一七日	新警察法公布（国家地方警察、自治体警察設置）

昭和二三年（一九四八年）

五月　一日	海上保安庁発足
七月一七日	韓国成立
九月　九日	北朝鮮成立

昭和二四年（一九四九年）

四月　四日	北大西洋条約（NATO）調印
五月　六日	西ドイツ成立

昭和二五年（一九五〇年）

六月二五日	朝鮮戦争勃発
七月　七日	マッカーサー、国連軍最高司令官に任命
八日	「マッカーサー書簡」、警察予備隊七万五〇〇〇名の創設指令
一四日	GHQ民事課別室（米軍事顧問団）設置

八月一〇日	警察予備隊令（政令第二六〇号）公布施行
一三日	警察予備隊員募集開始
二三日	警察予備隊第一陣七五〇九名入隊（各管区警察学校）
二八日	第一期一三週訓練開始
一二月一七日	第一回警察士補昇任試験一斉実施
昭和二六年（一九五一年）	
一月一五日	第二期一八週訓練開始
二一日	第一回警査長以下昇任試験
四月一一日	マッカーサー元帥解任（後任：リッジウェイ陸軍中将）
五月一七日	吉田首相、「士官養成機関」の検討指示
六月　四日	第三期一八週訓練開始
七月一〇日	朝鮮休戦会談開始
九月　八日	対日平和条約、日米安保条約調印
一〇月一六日	第四期訓練開始
一九日	習志野特科学校開校
昭和二七年（一九五二年）	
一月　七日	調査学校開校
二月　四日	第五期訓練開始
四月二六日	海上警備隊発足

二八日	対日平和条約、日米安保条約発効（ＧＨＱ廃止）
五月一五日	習志野英語学校開校
七月三一日	保安庁法公布（法律第二六五号）
八月　一日	保安庁発足（警察予備隊、海上警備隊統合）
一〇月一五日	警察予備隊、保安隊と名称変更

昭和二八年（一九五三年）

一月二〇日	アイゼンハワー米第三四代大統領に就任
三月　五日	ソ連スターリン死亡
四月　一日	保安大学校開校
七月二七日	朝鮮休戦協定調印

昭和二九年（一九五四年）

三月　八日	日米相互防衛援助協定（ＭＳＡ）調印
九日	防衛二法案（防衛庁設置法、自衛隊法）閣議決定
六月　八日	新警察法公布（警察庁、都道府県警）
九日	防衛二法成立、秘密保護法公布
七月　一日	防衛庁発足、陸海空三自衛隊創設

関連資料

1　マッカーサー元帥の吉田首相あて書簡（昭和二五年七月八日　渉外局特別発表）

※書簡末尾の「肝要な部分のみ」：原文から抜粋

Accordingly, I authorize your government to take the necessary measures to establish a national police reserve of 75,000 men and expand the existing authorized strength of the personnel serving under the Maritime Safety Board by an additional 8,000. The current year's operating cost of these increments to existing agencies may be made available from funds previously allocated in the General Account of the National Budget toward retirement of the public debt. The appropriate sections of this Headquarters will be available, as heretofore, to advise and assist in the technical aspects of these measures.

2　警察予備隊令（昭和二五年八月一〇日　政令第二六〇号）　※全文

内閣は、ポツダム宣言の受諾に伴い発する命令に関する件（昭和二七年勅令第五四二号）に基づき、この政令を制定する。

警察予備隊令

（目的）
第一条　この政令は、わが国の平和と秩序を維持し、公共の福祉を保障するのに必要な限度内で国家地方警察及び自治体警察の警察力を補うため警察予備隊を設け、その組織等に関し規定することを目的とする。
（設置）
第二条　総理府の機関として警察予備隊を置く。
（任務）
第三条　警察予備隊は、治安維持のため特別の必要がある場合において、内閣総理大臣の命を受け行動するものとする。
2　警察予備隊の活動は、警察の任務の範囲に限られるものであって、いやしくも日本国憲法の保障する個人の自由及び権利の干渉にわたる等その機能を濫用することとなってはならない。
3　警察予備隊の警察官の任務に関し必要な事項は、政令で定める。
（定員）
第四条　警察予備隊の職員の定員は、七万五千百人とし、うち七万五千人を警察予備隊の警察官とする。
（組織）
第五条　警察予備隊に、本部及び部隊その他所要の機関を置く。
（本部の組織）
第六条　本部に、長官官房の外、警務局、人事局、装備局、経理局及び医務局を置く。
（長官及び次長）
第七条　本部に、長官及び次長各一人を置く。
2　長官は、内閣総理大臣が任命する。

3　長官の任免は、天皇が認証する。
4　長官は、内閣総理大臣の指揮監督を受け、警察予備隊の長として隊務を統括する。
5　次長は、長官の職務を助ける。
（隊員の人事管理）
第八条　警察予備隊の職員の職は、特別職とする。
2　国家公務員法（昭和二二年法律第一二〇号）第三章第六節（第三款を除く）及び第七節の規定並びにこれらの規定に関する罰則の規定は、前項の職員に準用する。この場合において、これらの規定中「人事院」とあるのは「内閣総理大臣」と、「人事院規則」とあるのは「総理府令」と読み替えるものとする。
3　警察予備隊の職員に対する恩給法（大正一二年法律第四八号）、国家公務員共済組合法（昭和二三年法律第六九号）及び国家公務員等に対する退職手当の臨時措置に関する法律（昭和二五年法律第一四二号）の適用については、政令で特別の定をすることができる。
4　前三項に定めるものを除く外、警察予備隊の職員の階級、任免、昇任、給与、服制その他人事に関する事項については政令で定める。
（内閣総理大臣の権限の代行）

第九条　内閣総理大臣は、特に必要があると認める場合においては、この政令に基きその権限に属する事務を、他の国務大臣に行わせることができる。

（組織編制等の細目）

第一〇条　この政令に定めるものを除く外、警察予備隊の組織編制その他必要な事項については、総理府令で定める。

附則

1　この政令は公布の日から施行する。
2　昭和二五年度に限り、内閣は、一般会計予算における国債費の金額のうち二〇〇億円を、警察予備隊に必要な経費に移用する。
3　昭和二五年度内における契約等に因り支出の義務を生じ、当該年度内に支出を終らなかった経費の金額は、翌年度に繰り越して使用することができる。
4　内閣総理大臣は、当分の間、国家地方警察の機関をして、警察予備隊の事務の一部を取り扱わせることができる。
5　総理府設置法（昭和二四年法律第一二七号）の一部を次のように改正する。
第一六条の二の次に、次の一条を加える。
第一六条の三　総理府の機関として警察予備隊を置く。
2　警察予備隊は、わが国の平和と秩序を維持し、公共の福祉を保障するため、国家地方警察及び自治体警察の警察力を補うものとして設置される機関とする。
3　警察予備隊の組織及び所掌事務については、警察予備隊令（昭和二五年政令第二六〇号）の定めるところによる。
6　労働組合法（昭和二四年法律第一七四号）、労働調整関係法（昭和二一年法律第二五号）及び労働基準法（昭和二二年法律第四九号）並びにこれらの法律に基づいて発せられる命令は、警察予備隊の職員には適用しない。

3　警察予備隊令施行令（昭和二五年八月二四日　政令第二七一号）　※一部抜粋

改正　昭和二五年一一月一五日　政令第三三三号

内閣は、警察予備隊令（昭和二五年政令第二六〇号）第三条第三項及び第八条第四項の規定に基づき、この政令を制定する。

警察予備隊令施行令

（警察予備隊の職員の任命）

第一条　警察予備隊の職員（以下「職員」という。）は警察予備隊本部長官（以下長官という。）が任命する。

2　長官は、前項の任命権の一部を他の職員に委任することができる。

（警察予備隊本部の職員）

第二条　警察予備隊本部に、長官及び次長の外、左の職員を置く。

長官秘書官、官房長、局長、課長、部員、事務官

（警察予備隊員の警察官の階級）

第三条　警察予備隊の警察官（以下「警察官」という。）の階級は、左のとおりとする。

警察監、警察監補、一等警察正、二等警察正、警察士長、一等警察士、二等警察士、一等警察士補、二等警察士補、三等警察士補、警査長、一等警査、二等警査

（職員の採用）

第四条　職員の採用は、競争試験によるものとする。但し、競争試験以外の能力の実証に基づく選考の方法によることを妨げない。

2　前項の競争試験及び選考その他職員の採用の方法及び手続に関し必要な事項は総理府令で定める。

（一等警察士補等の警察官の任用期間）

第五条　一等警察士補、二等警察士補、三等警察士補、警査長、一等警査及び二等警査（以下、「一等警察士補等」という。）は、二年を期間として任用されるものとする。但し、二年を経過した場合におい

て、志願をしたときは、長官の定めるところにより、引き続いて任用されることができる。

（職員の昇任）

第六条　職員の昇任は、その職より下位の職の在職者の間における競争試験によるものとする。但し、勤務成績に基づく選考によることを妨げない。

2　前項の競争試験及び選考その他職員の昇任の方法及び手続に関し必要な事項は総理府令で定める。

（欠格条項）

第七条　省略

（職員の休職、免職等を行う者）

第八条　省略

（人事に関する不法行為等の禁止）

第九条　省略

（条件附任用）

第一〇条　省略

（職員の規律及び懲戒）

第一一条　省略

（表彰）

第一二条　警察予備隊の表彰は、左のとおりとする。

一　功労章

二　功績章

三　精勤章

四　賞詞

五　賞状
六　感謝状又は協力章
2　表彰に関し必要な事項は、総理府令で定める。
（警察官の司法警察職員としての職務）
第一三条　省略
（警察官の服制）
第一四条　省略
（給与の基準）
第一五条　省略
（職員の俸給表）
第一六条　省略
（初任給等の基準）
第一七条　省略
（警察官の扶養手当等）
第一八条　省略
（警察官の俸給等の支給）
第一九条　省略
（特別退職手当）
第二〇条　昭和二五年一二月一六日前において採用された一等警察士補等が引き続き二年の期間を勤務したときは、六万円の特別退職手当を一回に限り支給する。但し、その期間内に懲戒の処分を受けた者に対しては、情状により、その額の三分の一以下の金額を減額して支給することができる。

2、3、4、省略

（療養の給付等）

第二一条　国家公務員共済組合法（昭和二三年法律第六九号）は、警察官には適用しない。

2　警察官が公務によらないで負傷し、又は疾病にかかった場合には、国家公務員共済組合法中療養の給付及び療養費の支給に関する規定の例に従い、療養の給付又は療養費の支給を行う。

（貸与品）

第二二条　警察官に対しては、別表第五の品目を貸与する。

別表第五　貸与品目表

・夏服上衣及びズボン
・作業服上衣及びズボン
・夏帽
・作業帽
・雨衣
・長靴
・半長靴
・短靴
・帽章
・階級章
・手帳
・捕縄
・警笛
・警棒
・背嚢
・雑嚢
・飯盒
・水筒
・服ブラシ
・靴ブラシ
・洗濯ブラシ
・土地の状況又は勤務の性質により必要がある場合においては、特種帽、防寒具、脚絆

（給与品）

第二三条　一等警察士補等に対しては、別表第六の品目及び食事手当を受ける者を除き、食事を給与する。

別表第六　給与品目表

・手袋
・夏シャツ及びズボン下

・靴下
2　省略
（大蔵大臣との協議）
第二四条　省略
附則
1　この政令は、公布の日から施行する。
2　以下省略

4　保安庁法（昭和二七年七月三一日　法律第二六五号）　※一部抜粋

保安庁法

目次

第三章　職員
第一節　通則（第二八条―第三一条）
第二節　任免（第三二条―第三七条）
第三節　分限、懲戒及び保障（第三八条―第四七条）
第四節　服務（第四八条―第六〇条）
第四章　行動及び権限
第一節　行動（第六一条―第六七条）
第二節　権限（第六八条―第七七条）
第五章　雑則（第七八条―第九〇条）
第六章　罰則（第九一条―第九三条）
附則

第一章　総則
第一条～第三条　省略
（保安庁の任務）
第四条　保安庁は、わが国の平和と秩序を維持し人命及び財産を保護するため、特別の必要がある場合において行動する部隊を管理し、運営し、及びこれに関する事務を行い、あわせて海上における警備救難の事務を行うことを任務とする。
第五条～第八条　省略
第二章　組織
第一節　内部部局
第一款　通則

（内部部局）

第九条　保安庁に、長官官房の外、左の四局並びに第一幕僚監部及び第二幕僚監部を置く。

保安局

人事局

経理局

装備局

第一〇条～第四九条　省略

（指定場所に居住する義務）

第五〇条　保安官及び警備官は、総理府令で定めるところに従い、長官が指定する場所に居住しなければならない。

（職務遂行の義務）

第五一条　職員は、法令に従い、誠実にその職務を遂行するものとし、職務上の危険若しくは責任を回避し、又は上司の許可を受けないで職務を離れてはならない。

（上司の命令に服従する義務）

第五二条　職員は、その職務の遂行に当たっては、上司の職務上の命令に忠実に従わなければならない。

（品位を保つ義務）

第五三条　職員は、常に品位を重んじ、いやしくも職員としての信用を傷つけ、又は保安隊若しくは警備隊の威信を損ずるような行為をしてはならない。

2　保安官、警備官及び学生は、長官の定めるところに従い、制服を着用し、服装を常に端正に保たなければならない。

（秘密を守る義務）

第五四条　職員は、職務上知ることのできた秘密を洩らしてはならない。その職を離れた後も同様とする。

２、３　省略

（職務に専念する義務）

第五五条　職員は、法令に別段の定がある場合を除き、その勤務時間及び職務上の注意力のすべてをその職務遂行のために用いなければ成らない。

２、３　省略

第五六条　以下省略

５　保安庁法施行令（昭和二七年七月三一日　政令第三〇四号）　※一部抜粋

内閣は、保安庁法（昭和二七年法律第二六五号）の規定に基づき、及び同法を実施するため、この政令を制定する。

保安庁法施行令

目次

第二節　部隊
第一款　保安隊の部隊の組織及び編成（第一四条—第一八条）
第二款　警備隊の部隊の組織及び編成（第一九条—第二三条）
第三款　部隊編成の特例及び委任規定（第二四条・第二五条）
第三節　訓練施設その他の機関（第二六条—第三八条）
第二章　職員
第一節　停年（第三九条）
第二節　学生の分限及び懲戒の効果（第四〇条・第四一条）
第三節　審査の請求及び公正審査会（第四二条—第六四条）
第四節　政治的行為（第六五条・第六六条）
第三章　出動又は派遣の要請の手続き等及び部内の秩序維持に専従する者の権限等
第一節　要請出動及び災害派遣の要請の手続等（第六一条—第七〇条）
第二節　部内の秩序維持に専従する者の権限等（第七一条—第七三条）
第四章　雑則（第七四条—第八五条）
附則
以下省略

参考文献

（史実関係）

陸上幕僚監部総務課文書班隊史編纂係『警察予備隊総隊史』（陸上幕僚監部、一九五八年）。

同右『保安隊史』（同右、一九五八年）。

「自衛隊十年史」編集委員会編『自衛隊十年史』（大蔵省印刷局、一九六一年）。

防衛庁人事局人事第二課『募集十年史』上、中、下（統計印刷、一九六二年）。

「防衛大学校十年史」編集委員会『防衛大学校十年史』（黎明社、一九六五年）。

大嶽秀夫編・解説『戦後日本防衛問題資料集』全三巻（三一書房、一九九一〜一九九三年）。

防衛庁編『防衛庁五十年史』（藤庄印刷、二〇〇五年）。

防衛研究所戦史部編『内海倫オーラル・ヒストリー』（防衛研究所、二〇〇八年）。

（一般図書）

D・マッカーサー著、津島一夫訳『マッカーサー回想記』（朝日新聞社、一九六四年）。

槇記念出版委員会『槇乃実』（槇智雄先生追想集刊行委員会、一九七二年）。

加藤陽三『私録・自衛隊』（政治月報社、一九七九年）。

土井寛『自衛隊』（凸版印刷、一九八〇年）。

読売新聞戦後史班編『「再軍備」の軌跡：昭和戦後史』（読売新聞社、一九八一年）。

宇都宮直賢『アメリカS派遣隊』（芙蓉書房、一九八三年）。

フランク・コワルスキー著、勝山金次郎訳『日本再軍備』（サイマル出版会、一九八四年）。

久我豊雄訳『核兵器との共存』（ティービーエス・ブリタニカ、一九八四年）。

中馬清福『再軍備の政治学』（知識社、一九八五年）。

萩原遼『朝鮮戦争』（文藝春秋社、一九九五年）。

堀栄三『大本営参謀の情報戦記』（文藝春秋、一九九六年）。

田中賀朗『大韓航空００７便事件の真相』（三一書房、一九九七年）。

増田弘『自衛隊の誕生』（中央公論新社、二〇〇四年）。

中森鎮雄『防衛大学校の真実』（経済界、二〇〇四年）。

槇智雄『防衛の務め』（中央公論新社、二〇〇九年）。

柴山太『日本再軍備への道』（ミネルヴァ書房、二〇一〇年）。

佐藤守男『情報戦争と参謀本部—日露戦争と辛亥革命—』（芙蓉書房出版、二〇一一年）。

佐藤守男『情報戦争の教訓』（芙蓉書房出版、二〇一二年）。


（参考論文）

古関彰一「米国における占領下日本再軍備計画」（『法律時報』第四八巻第一〇号、一九七六年九月）。

古関彰一「冷戦政策における日本再軍備の基本性格」（歴史学研究会編『歴史学研究』別冊特集、青木書店、一九七八年一一月）。

原剛「最後の海軍大将大いに語る（1）（2）」（防衛弘済会『修親』一九七九年五月号、六月号）。

原剛「日露戦争における情報と作戦」（軍事史学会『軍事史学』第六五号、一九八一年）。

三浦陽一「日本再武装への道程　一九四五～一九五〇年」（『歴史学研究』第五四五号、一九八五年九月号）。

増田弘「朝鮮戦争以前におけるアメリカの日本再軍備構想（一）（二）」（慶應義塾大学法学研究会編『法学研究』第七二巻第四・五号、一九九九年）。

葛原和三「朝鮮戦争と警察予備隊」(防衛研究所『防衛研究所紀要』第八巻第三号、二〇〇六年三月)。


(新聞資料)

『朝日新聞』、『毎日新聞』一九五〇(昭和二五)年八月一〇日付朝刊。

『日本経済新聞』二〇〇五(平成一七)年一二月八日付。

『朝日新聞』二〇〇七(平成一九)年四月一九日付。

『讀賣新聞』二〇一四(平成二六)年一月一八日、七月二日、八月一五日、九月一日付。

著　者
佐藤 守男（さとう　もりお）
1932年三重県生まれ。1999年北海道大学大学院法学研究科公法専攻博士課程修了、博士（法学）。現在、北海道大学大学院法学研究科附属高等法政教育研究センター研究員。
著書に、『情報戦争と参謀本部―日露戦争と辛亥革命―』（芙蓉書房出版、2011年）、『情報戦争の教訓―自衛隊情報幹部の回想―』（芙蓉書房出版、2012年）がある。

警察予備隊《けいさつよびたい》と再軍備《さいぐんび》への道《みち》
――第一期生が見た組織の実像――

2015年2月20日　第１刷発行

著　者
佐藤《さとう》 守男《もりお》

発行所
㈱芙蓉書房出版
（代表 平澤公裕）
〒113-0033東京都文京区本郷3-3-13
TEL 03-3813-4466　FAX 03-3813-4615
http://www.fuyoshobo.co.jp

印刷・製本／モリモト印刷

ISBN978-4-8295-0642-4

戦前政治家の暴走
誤った判断が招いた戦争への道
篠原昌人著　本体 1,900円

「戦時において強硬論を吐くのは軍人」というのは早合点。文民政治家の判断が国を誤らせた事実を３人の人物（森恪・広田弘毅・麻生久）の行動から明らかにする。

山川健次郎日記
印刷原稿　第一～第三、第十五
尚友倶楽部・小宮京・中澤俊輔編集　本体 2,700円

明治～大正期に東京帝国大学、京都帝国大学、九州帝国大学の総長を務めた山川健次郎の日記のうち、秋田県公文書館で発見された日記写本４冊を翻刻。山川は東宮御学問所評議員として帝王教育に参画しているが、『昭和天皇実録』にも山川日記は引用されておらず、空白を埋める史料として注目を集めている。　《尚友ブックレット》

寺内正毅宛明石元二郎書翰
付『落花流水』原稿（『大秘書』）
尚友倶楽部・広瀬順晧・日向玲理・長谷川貴志編集　本体 2,700円

陸軍大将・男爵明石元二郎の寺内正毅宛書翰68通と、日露戦争研究の貴重な史料として知られる『落花流水』の原稿と思われる対露工作文書『大秘書』の全文を翻刻。　《尚友ブックレット》

幸倶楽部沿革日誌
尚友倶楽部・小林一幸編　本体 2,300円

明治後期の貴族院会派の活動の実態が垣間見られる史料。「沿革日誌」には、設立から昭和元年の帝国議会開院式までの13年間の各種会合の概要、規約、役員改選、審議法案についての協議内容などが記載。《尚友ブックレット》

松本剛吉自伝『夢の跡』
尚友倶楽部・季武嘉也編集　本体 2,000円

大正期の政治動向を知る上で欠かせない史料『松本剛吉日誌』を遺した松本剛吉が、なぜあれだけの詳しい情報を得ることができたのか？　その疑問に答える鍵となる自伝を復刻。　《尚友ブックレット》

ノモンハン航空戦全史

D・ネディアルコフ著　源田　孝監訳・解説　本体 2,500円

ブルガリア空軍の現役のパイロットがソ連側の資料に基づいてまとめたノモンハン航空戦の記録。ノモンハン事件で、日本軍地上部隊はソ連地上軍に撃破されて多大な損害を出したが、航空部隊はソ連空軍を相手に圧勝した、と評価されてきた。日本陸軍航空隊が体験した初めての本格的な航空戦のすべてをソ連側の記録から検証。原著掲載の写真・イラスト・地図96点を掲載。

エア・パワーの時代

マーチン・ファン・クレフェルト著　源田 孝監訳　本体 4,700円

19世紀末のエア・パワーの誕生から現代まで、軍事史における役割と意義を再評価し、その将来を述べた*The Age of Airpower*（2011年刊）の全訳版。

登戸研究所から考える戦争と平和

斎藤一晴・山田　朗・渡辺賢二著　本体 1,800円

陸軍登戸研究所の実態を多角的に伝える。登戸研究所の活動を知ることは、戦争には必ず存在する裏面（一般に秘匿され報道されない側面）から戦争の全体像を捉え直すことであり、戦争と科学技術との関係をあらためて検証することでもある。登戸研究所という特殊な研究所の考察を通して、戦争と平和、戦争と科学技術の関係性、平和創造の重要性を考える。

原爆投下への道程

認知症とルーズベルト

本多巍耀著　本体 2,800円

マンハッタン計画関連文献、米国務省関係者備忘録、米英ソ首脳の医療所見資料などから原爆開発の経緯を描く。

日本人移民はこうして「カナダ人」になった

『日刊民衆』を武器とした日本人ネットワーク

田村紀雄著　本体 2,300円

戦前カナダに渡った３万人の日本人移民は異文化社会でどう生き抜いたのか。鈴木悦、田村俊子、梅月高市ら個性あふれる人々が『日刊民衆』というメディアを武器に強固なネットワークを形成していく過程を生き生きと描いたノンフィクション。